中南财经政法大学出版基金资助出版

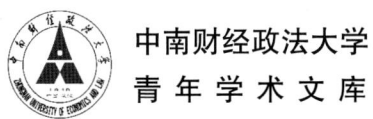

中南财经政法大学
青年学术文库

基于增量式语义标注的专利分析与挖掘

陈旭 著

武汉大学出版社

图书在版编目(CIP)数据

基于增量式语义标注的专利分析与挖掘/陈旭著.—武汉:武汉大学出版社,2021.10(2022.9 重印)
中南财经政法大学青年学术文库
ISBN 978-7-307-22077-5

Ⅰ.基… Ⅱ.陈… Ⅲ.①专利—情报检索 ②专利—情报分析 Ⅳ.①G306 ②G254.97

中国版本图书馆 CIP 数据核字(2020)第 272926 号

责任编辑:唐 伟　　责任校对:汪欣怡　　版式设计:马 佳

出版发行:武汉大学出版社　(430072 武昌 珞珈山)
（电子邮箱:cbs22@whu.edu.cn　网址:www.wdp.com.cn）
印刷:武汉邮科印务有限公司
开本:720×1000　1/16　印张:16.75　字数:240 千字　插页:2
版次:2021 年 10 月第 1 版　2022 年 9 月第 2 次印刷
ISBN 978-7-307-22077-5　　定价:49.00 元

版权所有,不得翻印;凡购我社的图书,如有质量问题,请与当地图书销售部门联系调换。

《中南财经政法大学青年学术文库》编辑委员会

主任

杨灿明

副主任

吴汉东　邹进文

委员（按姓氏笔画排序）

丁士军	王雨辰	石智雷	刘　洪	李小平
李志生	李　晖	余明桂	张克中	张　虎
张忠民	张金林	张　琦	张敬东	张敦力
陈池波	陈柏峰	金大卫	胡开忠	胡立君
胡弘弘	胡向阳	胡德才	费显政	钱学锋
徐涤宇	高利红	龚　强	常明明	康均心
韩美群	鲁元平	雷　鸣		

主编

邹进文

前 言

在这个知识创新的时代,专利采集与分析对企业有着重要的意义。专利分析可以帮助企业从已公开的专利中把握本领域内的发展动向、学习先进的技术、规避专利技术雷区和分配有限的资源到有意义、有价值的研究开发中。

本书从专利文献基本概念入手,对比了国内外知名专利检索与分析系统,介绍了专利检索与分析的关键技术,重点阐述了基于Python的专利数据采集方法、基于支持向量机的高质量专利预测、增量式的专利语义标注方法以及基于语义网的专利知识挖掘方法。最后,本书基于已经标注的专利数据,提出一种基于语义网的专利分析地图,展现了热点主题以及主题之间的关联,并用案例说明了分析的有效性;为企业的科技创新和战略决策提供支持。其主要内容如下:

针对专利标引数据少的问题,研究基于弱导机器学习的增量式专利标注技术。利用同一作者撰写专利的惯性和中文专利中功效语句分布的特点,采用协同训练的方法,使关键词抽取和链式抽取相互协同来标注专利中的功效语句;利用专利中技术词语附近模板的通用性,基于自举模型来交替地抽取技术词语和模板。这种标注方法通过少量标注可获得更多的标注数据,实验表明这种方法在逐渐提高召回率的情况，并且也不会牺牲太多的准确性。

针对传统专利热点分析地图中所存在的聚类时间较长、缺乏对主题的区分与关联，以及缺乏考虑热点的广度的问题，提出了一种基于语义网的专利热点分析地图。通过构建技术热点地图、功效热点地图和热点技术功效矩阵三种专利热点分析地图，展现出在某个领域某个时间段内，热点专利技术、热点功效在语义和时间两个层面上的关联。最后，用案例验证了我们方法的有效性。

针对新近公开的专利引文数量较少、不太适合使用引文的方式来判断它是否为一篇高质量专利的问题，提出了一种基于支持向量机模型，通过专利内在因素来衡量专利质量的方法。这种方法通过已知的训练专利集合来预测未来高质量专利。通过分析训练集中专利内在特征，包括领域趋势特征、发明人特征、专利复杂度、覆盖范围、专利原创度和词语特征，利用支持向量机，学习出各因素的权重，预测最近公开的专利是否会成为高质量的专利。最后实现了一个专利热点分析系统，它能集成到现有专利检索和分析工具中，扩展它们的功能，为企业创新提供支持。

本书受到2020年度湖北省教育厅哲学与社会科学研究项目"知识产权视角下面向企业技术创新的专利分析系统研究"（项目编号：20G026）和2021年度中央高校基本科研项目青年教师创新研究"后疫情时代下基于协同训练的专利语义标注与知识挖掘研究——以中药专利为例"（项目编号：2722021BZ040）的项目资助。

本书可作为"新工科"背景下大专院校学生的专利信息检索与分析用书，也可以作为管理学中的知识产权信息管理用书，对从事专利挖掘、专利地图、文本分析的老师也是一本极佳的参考用书。

目 录

第1章 专利文献概述 1
　1.1 专利文献的价值 1
　1.2 专利文献的组成 2
　1.3 专利文献的特点 4
　1.4 专利数据库的发展 4

第2章 现有专利检索与分析系统 8
　2.1 国家知识产权局专利信息检索系统 8
　2.2 Patentics 专利信息检索与分析平台 11
　2.3 SooPAT 专利搜索引擎 18
　2.4 其他国内外专利检索与分析平台 26

第3章 专利检索与分析关键技术 30
　3.1 网络爬虫 30
　3.2 信息抽取 31
　3.3 机器学习 33
　3.4 专利聚类 34
　3.5 专利标注 37
　3.6 网络舆情分析 41
　3.7 专利地图 43

目 录

第4章 专利分析编程语言 Python 48
- 4.1 Python 语言概述 48
- 4.2 Python 变量及数据的使用 56
- 4.3 Python 程序的控制结构 80
- 4.4 专利文本分析 97

第5章 基于 Python 的专利数据采集 107
- 5.1 Python 第三方 requests 库的安装 108
- 5.2 使用 requests 库获取网页内容 110
- 5.3 网页源码 HTML 语言简介 112
- 5.4 BeautifulSoup 使用基础 114
- 5.5 基于 BeautifulSoup 的专利信息抽取实现 120
- 5.6 基于 XPath 的专利信息抽取实现 127

第6章 增量式专利语义标注 132
- 6.1 专利语义标注概述 132
- 6.2 专利功效标注 133
- 6.3 专利技术标注 163
- 6.4 语义标注实验结果与分析 180

第7章 基于支持向量机的高质量专利预测 185
- 7.1 相关工作 186
- 7.2 基于多维特征的高质量专利预测 189
- 7.3 专利质量预测实验与分析 198

第8章 基于语义网的专利知识挖掘 202
- 8.1 专利知识挖掘概述 202
- 8.2 专利语义网概述 203

8.3 专利聚类 ·· 205
8.4 技术层次语义网 ·· 213
8.5 专利技术地图 ·· 226
8.6 专利功效地图 ·· 229
8.7 热点技术功效矩阵 ··· 229

第9章 专利分析与挖掘案例 ··· 231
9.1 无线通信领域分析案例 ·· 231
9.2 电话通信领域的专利热点分析案例 ······································ 246

参考文献 ·· 259

第 1 章
专利文献概述

1.1 专利文献的价值

随着科学技术和经济全球一体化的发展，企业之间的差距越来越多地取决于一些软实力，而非硬件条件。专利是企业重要的软实力之一，被业界誉为企业的信息金矿，包含有大量的技术、法律及经济情报，既可以体现科技创新力，又可以保护科研成果不受侵犯，其重要性越来越受到重视。华为公司在全球的专利申请总数位于前列，但实际却很少有自己原创的专利，超过90%的专利都由其以购买或者支付专利许可费的方式来获得专利的使用权，企业可以通过这些专利掌握到新的技术，用以开发他们的新产品。据世界知识产权组织(World Intellectual Property Organization，WIPO)报道，专利文献包含全世界每年90%~95%的最新科研成果，STN International(Scientific and Technical Information Network International，国际科技信息网)也指出，专利中的70%~90%的信息没有在除专利之外的文献中发表过。如果企业能够充分地利用专利文献指导技术创新，将可以有效节约40%的研究经费和60%的研究时间。

目前，全世界的专利数据总数已达到1500万件，并以超过6%的速度增长。中国的专利数据量超过了美国和日本，跃居世界专利申请量第一。面对如此大量的专利信息，用户获取有价值信息的代价也相应提高，而这种需求导致了各个国家对专利分析的重视。美国国会在1952年颁布专利法，在美国，对专利文献的分析是一个很大的产业，该行业发展至今，已经有超过1000多亿美元的市场份额,提供专利信息服务的企业其年产值也超过10亿美元。美国在各大产业掌握着核心专利与技术,这也使得其在经济和贸易上占有绝对的优势。日本专利法于1959年颁布,为了更准确地分析专利文献,日本国家知识产权局(日本特许厅)更是将年收入的10%用于专利的文献的人工标注,通过这些深加工的专利形成专利地图,一方面通过外围专利阻止美国等国家的核心专利的进一步蔓延,另一方面通过专利地图发现其专利的空白区,帮助企业抢占技术研发制高点。我国在专利保护方面起步较晚,在1985年实行专利法。近几年,随着我国加入了世界贸易组织,我国在专利申请数量上有了显著的提高,但是其质量并不高,真正能够产生实际效应的仅占10%,其中一个重要原因就是在申请专利或购买专利时缺乏对现有专利的深入分析。如何分析出专利中有效信息,发现未来趋势,正是目前专利研究领域急需解决的问题。

1.2 专利文献的组成

专利主要包括三类,分别是发明专利、实用新型专利和外观专利。其中,发明专利和实用新型专利主要内容为文本,而外观专利的内容主要是图片。本书分析的对象主要为前两种类型的专利,这些专利数据主要由结构化和非结构化信息两大类数据构成,其中,结构化信息包含专利申请号、发明人、分类号等数据项;非结构化信息包括专利文摘,权利声明以及专利图片等。图1.1为一个专利号为"CN2415395"的中文专利。

专利的完整属性超过40个,图1.1中专利申请号、申请日和名称等都是常见属性。这里需要注意的是专利中的一些特殊数据项,如:专利申请号,它是唯一标识专利的ID号。专利IPC分类号,它是根据国际专利分析法制定的统一专利分类号,通常,它由六层组成,即:部→分部→大类→小类→大组→小组。每一层都是对上一层的更精细的划分,如分类号"G06F3/147",G代表"物理"部;G06代表分部"计算,推算,计数",G06F代表大类"电数字数据处理",G06F3代表小类"用于将所要处理的数据转变成为计算机能够处理的形式的输入装置,用于将数据从处理机传送到输出设备的输出装置",G06F3/14 代表大组"到显示设备上去的数字输出",而最终的 G06F3/147 代表小组"应用显示面板"。IPC 分类号是最早用于专利热点分析的字段,通过对 IPC 分类号中专利数量的统计,可以分析出当前领域最热的领域,把握当前发展动态。

<申请号> CN99246414.5
<申请日> 1999.10.18
<名称>液晶显示器
<公开(公告)号>CN2415395
<公开(公告)日>2001.01.17
<分类号>G06F3/147
<申请(专利权)人>神达电脑股份有限公司
<地址>台湾省新竹科学工业园区新竹县研发二路
<发明(设计)人>许世法
<专利代理机构>上海专利商标事务所
<代理人>陈亮
<摘要>一种液晶显示器,其在原有的液晶显示器面板上设置一透明硬质玻璃,透明硬质玻璃是通过一固定装置而设置于液晶显示器面板上。通过本实用新型的设计,不仅可使液晶显示器的液晶表面受到妥善保护,同时可减少辐射。
<权利声明> 1、一种液晶显示器,包括:一液晶显示器面板;其特征在于,还包括:一固定装置,设置于该液晶显示器面板上;以及一保护装置,经由该固定装置设置于该液晶显示器面板上。

图 1.1 专利数据结构图

除了以上的结构化数据,专利也有存在大量非结构化数据,主要包括:标题、文摘和权利声明,其中,文摘主要是记录专利的方法和功能,而权利声明主要是声明专利的保护范围,它会对文摘中的组成部分和技术方案进行细化。

1.3 专利文献的特点

专利文献除了数量多,也有其特殊性,主要表现在四个方面:

(1)复杂性。专利文献记载着关键技术的解决方法,确定了专利被保护内容的范围,包含很多专业性和细节性的说明。特别是专利中描述技术细节和组成结构的句子表达非常复杂,涉及多种并列结构、依存结构和嵌套结构,在对其进行句法语义分析时也比普通文本遇到更多的挑战。

(2)规范化。专利文献相对网页有更整齐的结构,一方面,它具有统一的分类体系——IPC 国际专利分类号;另一方面,专利文摘和权利说明书遵循一定的写作规范,有效地利用这些规范化的信息有助于对专利深入的分析。

(3)概括性。专利作为一种技术上受保护的文献,专利发明人为了垄断技术,会使用更加抽象的上位词表达保护的覆盖范围,这些词包含各种技术术语甚至是自定义的词汇,于是增加了对词法处理的难度。

(4)唯一性。专利是一种独一无二的信息资源,相对一般文本,尤其是网页,专利间的文本重叠度往往很小,因此,在计算专利相似度时,基于词语重叠的方法效果并不理想。

目前已经有各种商业专利服务平台的出现,如百度专利、SooPAT 等。专利数据分析挖掘等研究工作也正如火如荼地开展着。近年来,在国际顶级会议 SIGIR、NTCIR、CLEF 等国际会议上都有相应的 Workshop 来探讨专利分析和挖掘的研究工作。

1.4 专利数据库的发展

构建专利数据库是早期专利研究的目标。根据专利研究的目标,我们将专利研究分为三个阶段:专利数据库的构建阶段、专利文献的检索阶段和专利文献分析阶段。这三个阶段大致的时间划分、特点和代表系统概述如下：

在20世纪90年代，随着数据库技术的发展，专利研究机构试图建立一个专利数据库系统来实现专利数据的存储与管理。该时期主要是对专利数据进行采集、建库和基于数据库的统计分析。起初，专利数据库系统由各国政府出资搭建，例如美国专利局、日本特许厅、欧洲知识产权中心和中国知识产权网等。它们都在网上提供简单的检索接口，提供给企业免费检索。随后，一些商业机构也研发出各自的专利系统，这些数据库需要企业购买，其中也加入一些额外的信息，例如英国德温特公司，在1995年建立了专利引文数据库，专利引文数据的建立为核心专利的发现和专利技术发展路线分析提供了有效的基础数据。

进入21世纪，随着专利数据的不断增长，越来越多的研究开始转向如何快速并且准确地检索出所需要的专利。对于科研人员而言，在项目立项时首先要进行项目论证，而这一过程少不了技术查新，此时需要检索出相关技术领域的专利文献。2002年，日本国立情报学研究所举办的NTCIR会议开始举办针对日语和英文跨语言专利检索研讨会，该会议在专利无效性检索、专利跨语言检索等研究方向起到很大的促进作用。自此，涌现出大量学者对专利无效性检索和专利跨语言检索的研究。

最近几年，除了专利检索之外，随着数据挖掘和自然语言处理技术的不断发展，出现了许多对专利分析的研究，例如：专利技术功效分析、专利聚类分析和专利质量分析。专利技术功效分析是在NTCIR-8的专利研讨会中提出的，目前主要面向英文、日文和少量的中文专利，由于现有的准确率并不高，其技术分析仍在研究阶段，相关成果没有在现有系统中广泛应用。而专利聚类分析发展相对成熟，现有系统例如IntelliPatent通过维护一个用户编辑的本体对查询结果进行聚类，国内的Patentics基于概念对中文的专利进行聚类。在专利质量分析方面，工业界主要是基于引文进行专利质量评估，而学术界正在研究基于专利内在特征的专利质量计算。

实际上，以上三个阶段的发展并不完全独立，它们之间存在很多内在的联系。如图1.2所示：专利数据库为专利检索提供数据存储与管理的平台，专利检索中涉及语义的检索需要专利分析的支持，专利分析中对内容的分析和标注的结果可以存储在专利数据库中用于专利的深层次分析。

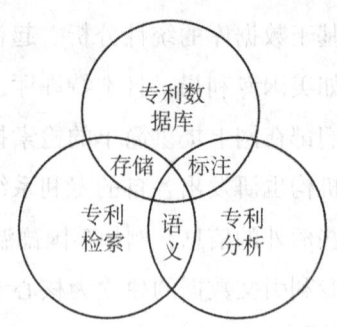

图 1.2　专利研究三个阶段之间的联系

专利的分析与挖掘对于个人、企业和国家都有重要的意义：对于个人，专利分析和挖掘可以帮助科研人员了解专利技术趋势，产生新的发明思路，发现新的研究领域，促进科技创新；对于企业，它可以帮助企业了解竞争对手的技术优势和弱势，减少重复研究，抢得先机，占领市场的制高点；对于国家，它可以帮助政府科研立项，在重大科技项目中做出重要决策。

面对结构复杂且快速增长的专利文献，专利分析是目前专利分析挖掘领域新兴的研究方向。专利分析按照分析对象可分为两种：一种是结构化分析，它主要是统计的方法，将专利的结构化信息排名统计；另一种是非结构化方法，它主要通过文本挖掘的方法对专利进行语义分析，其挖掘出来的知识有助于技术创新。随着对这两种分析的深入研究我们会发现，它们都需要对专利进行网络爬取和语义标注。此外，专利分析是一个交叉的研究方向，它需要使用网络爬虫、信息抽取、机器学习、专利聚类、舆情分析和专利地图等多项技术。

专利分析对企业有着重要的意义。它可以为企业的专利战略提供辅助支持，快速地把握高质量专利中的关键信息和预测未来潜在专利可以提高企业在知识创新时代的核心竞争力。专利知识挖掘可以识别出专利中的关键技术、功效及它们之间的关系，帮助企业从已公开的高质量专利中把握本领域内的发展动向、学习先进的技术、规避专利技术雷区和分配有限的资源到有意义有价值的研究开发中；在目前已有的专利检索和分析工具中，都还不具备专利热点分析和预测的功能，本书的研究成果将能集成到现有的工具中，完善其功能，具有较强的实用价值。

第 2 章
现有专利检索与分析系统

目前各国专利局也提供检索接口供用户查询与搜索，互联网上也已有一些专利检索与统计分析系统，有部分分析功能需要收费，有些也需要企业申请账号缴纳年费。下面介绍一些典型的专利检索与分析系统，并对一些主要功能进行对比。

2.1 国家知识产权局专利信息检索系统

中国国家知识产权局网站（SIPO，www.sipo.gov.cn）是国家知识产权局支持建立的政府性官方网站，该网站提供与专利相关的多种信息服务。国家知识产权局网设有中国专利检索功能，该检索数据库收录了自 1985 年 4 月 1 日公布的第 1 件专利申请以来已公布的全部专利信息。其专利检索与查询主要功能包括：专利检索及分析、中国及多国专利审查信息查询、中国专利公布公告查询、中国专利事务信息查询。其作为国家最为权威的专利检索网站，拥有最新的数据，通过专利公布公告既可以查询最新的专利信息，查询界面包含了四种类型的专利，分别为发明公布、发明授权、新型授权、外观设计，如图 2.1 所示。

现在以"后视镜"为例进行查询，查询结果得出标题和文摘内容中包含"后视镜"关键词的专利公告，如图 2.2 所示。

在界面的左侧，有不同的排序方式和类型显示可供选择，如图 2.3 所示。

在检索结果上端，还有列表模式（见图 2.4）和附图模式（见图 2.5）以

2.1 国家知识产权局专利信息检索系统

图 2.1 国家知识产权局查询界面

图 2.2 国家知识产权局查询结果界面

供选择，检索结果更加直观。

国家知识产权局的专利查询系统功能齐全，分类清楚，既方便了公民

第 2 章 现有专利检索与分析系统

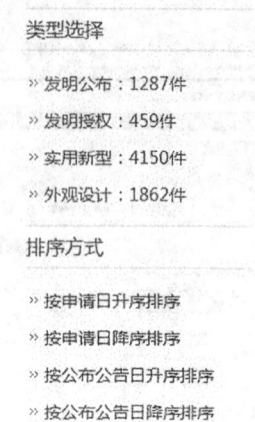

类型选择

» 发明公布：1287件

» 发明授权：459件

» 实用新型：4150件

» 外观设计：1862件

排序方式

» 按申请日升序排序

» 按申请日降序排序

» 按公布公告日升序排序

» 按公布公告日降序排序

图 2.3　国家知识产权局查询结果与排序方式

图 2.4　国家知识产权局专利查询列表模式

查询专利的存在与否和使用状态，也为专利权的保护、使用等提供了便捷的联系。同时，该系统也方便了专利权的申请提交和查询，有利于人们对知识产权的申请与保护。

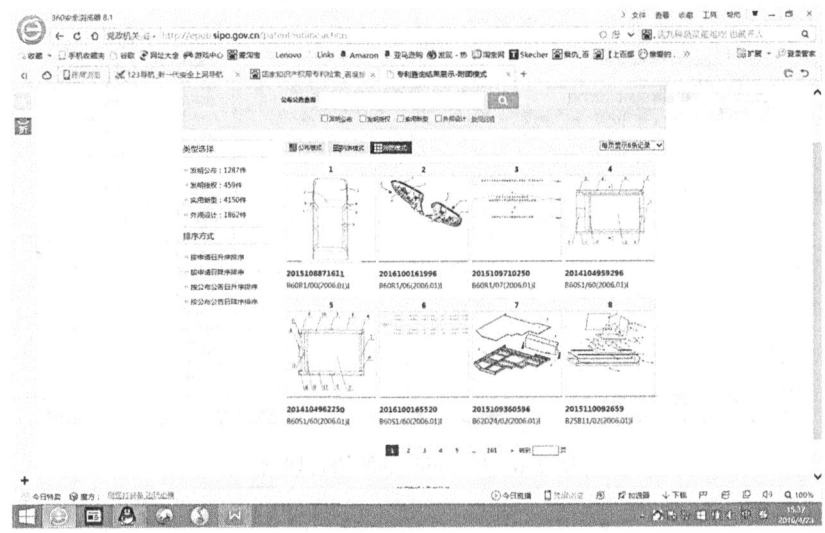

图 2.5　国家知识产权局专利查询附图模式

2.2　Patentics 专利信息检索与分析平台

　　Patentics 是集专利信息检索、下载、分析与管理为一体的平台系统，包括服务器端和客户终端，采用 Web 浏览格式、用户安装终端格式及建立局域服务器网络格式呈现专利数据，是全球最先进的动态智能专利数据平台系统。其分为：Web 版、客户端版，以及大数据分析模块、专利运营分析平台和大专利分析系统三大块。使用该工具，企业可以了解行业状况，探知对手专利布局，分析自身专利的新颖性和创造性，从而为专利申请和专利布局提供有力的帮助。Patentics 网站采用语义检索方式，是一种新颖的人工智能的检索方式，该系统可进行中文、英文检索，也可以跨语言用中文关键词检索英文专利，其检索界面如图 2.6 所示。

　　此外，Patentics 还将检索和分析有机结合，采用检索-分析-提取信息-再检索的模式，实现统计分析进一步提高了检索的查准率和查全率。与传

第 2 章　现有专利检索与分析系统

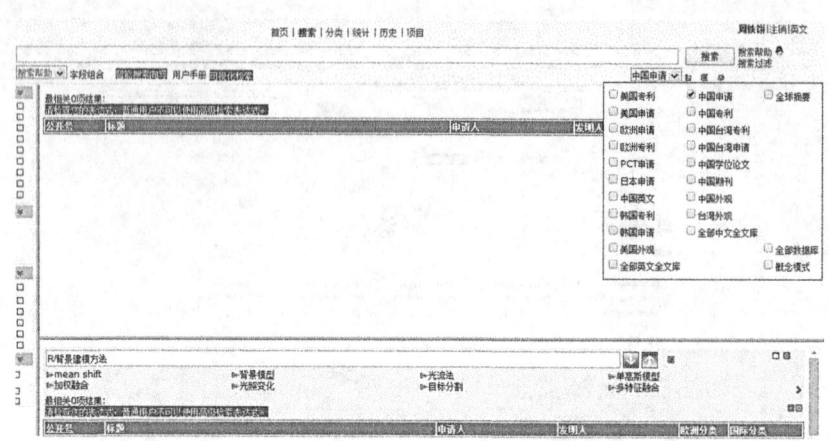

图 2.6　Patentics 的跨语言搜索

统的专利检索方式相比，Patentics 检索系统的最大特点是具有智能语义检索功能，可按照给出的任何中英文文本(包括词语、段落、句子、文章，甚至仅仅是一个专利公开号)，即可根据文本内容包含的语义在全球专利数据库中找到与之相关的专利，并按照相关度排序，大大提高了检索的质量和检索效率。

进入 Patentics 系统，在搜索区域输入"光照突变场景"，搜索结果出现两个专利内容，包括其公开号、标题、申请人、发明人、欧洲分类和国际分类。左侧导航栏内显示了相关概念，用户可以找到相关概念进行扩展查询。同时，在搜索结果栏内点击其中一项专利，则会出现相关专利的摘要介绍，方便用户浏览，如图 2.7 所示。

当点击专利检索结果选项时，可以切换需要查看的专利例如。其中，"摘要"是对该专利的简略介绍和分析，"主权利要求"是对专利内容的各种数据详细分析，并且可以随时链接到文章相关内容的位置。对于用户来讲有更大的便利性，有利于进一步查看相关数据。反选任一个关键词，点击鼠标右键，还可以选择在不同的字段进行搜索、二次搜索、定位(如转到摘要)、词频研究、添加评论、添加个人注释等。其中词频研究表示统计

2.2 Patentics 专利信息检索与分析平台

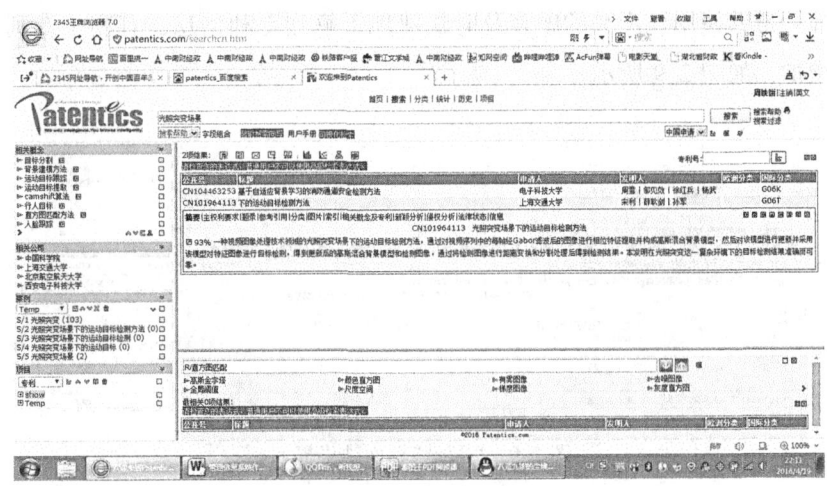

图 2.7　Patentics 专利检索结果界面

该词在专利各个部分出现次数，并可用颜色标记，如图 2.8 所示；二次搜索表示对原搜索式进行组合后搜索（以 and 组合）；定位表示包括转到摘要、转到权利说明、转到说明及各自下级更细致部分，是阅读定位；添加评论表示添加自己见解，勾选"公共可见""公共可恢复"，可以像论坛一样跟大家交流；添加个人注释表示用户自行标注，添加后出现在文章最后，可以用于用户做一些专利记录。

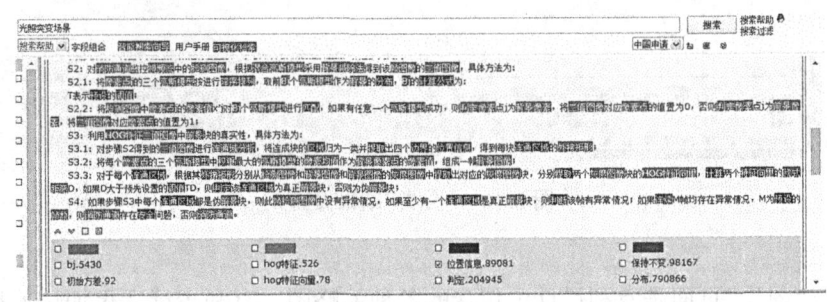

图 2.8　"主权利要求"结果界面

"题录"是对该专利的相关信息的介绍，包括申请人、公司、发明人等

13

内容。帮助使用该产品的顾客及时快捷地了解到专利信息,有利于专利权的维护,如图2.9所示。

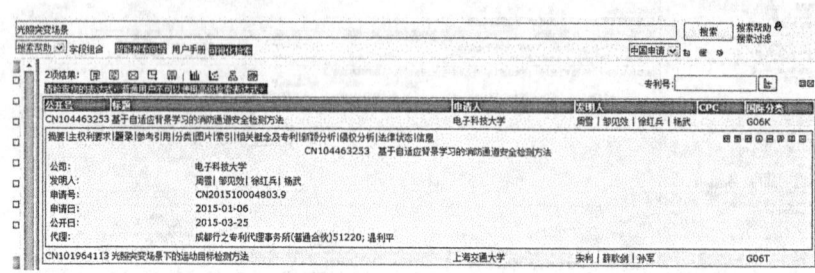

图2.9 "题录"界面结果界面

"分类"主要显示有关索引的分类内容,如国际分类,并且有相关专利信息显示。用户可以更加方便地搜查到相关分类的相关信息,有利于科技人员使用过程中的相关查证,如图2.10所示。

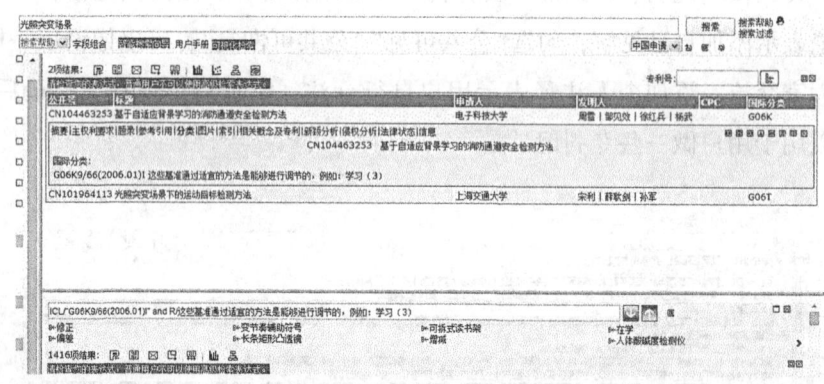

图2.10 "分类"结果界面

"图片"页面是专利设计中包含的各种缩略图,有利于读者更加快速地从图片中了解专利相关信息,如图2.11所示。

"索引"页面是按照不同主题分类的索引内容,如图2.12所示,它是相关不同类别主题的侵权分析,以该相关概念对原搜索结果进行相关度排

2.2 Patentics 专利信息检索与分析平台

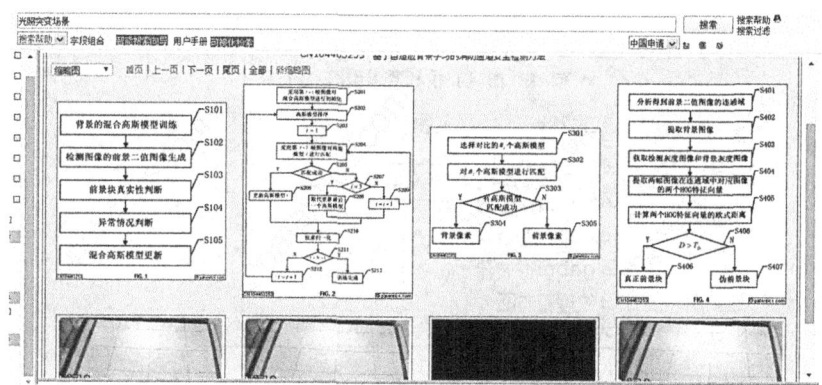

图 2.11 "图片"结果界面

序,并且可以用此类索引做概念搜索。同时,点击上方的"按权利要求引用"按钮,会在各个字段显示左侧出现勾选,不同颜色的显示也是表示相关主权利要求的内容,按位置进行排序且以不同颜色高亮显示。

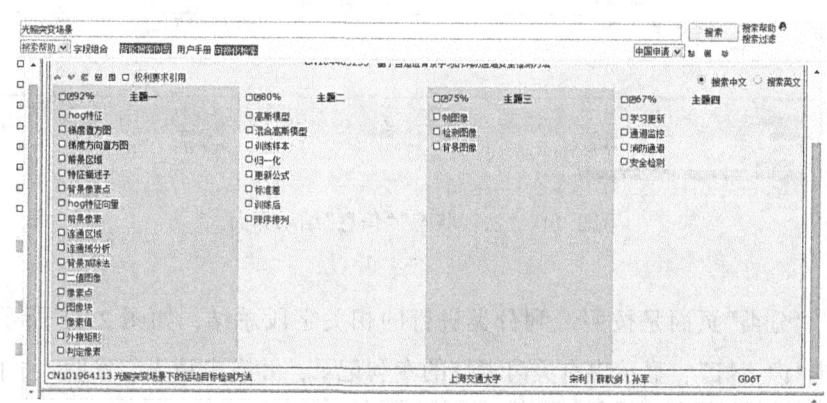

图 2.12 "索引"结果界面

主权利要求引用是对专利新颖程度的分析结果,如图 2.13 所示,右侧还有相关度降序排序,显示不同词汇的相关度。

"法律状态""信息"页面主要是相关法律状态和信息的介绍,如图 2.14 所示,有助于读者更加直观地了解涉及专利权的信息。

15

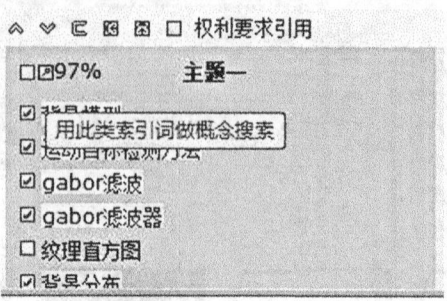

图 2.13 "权利要求"结果界面

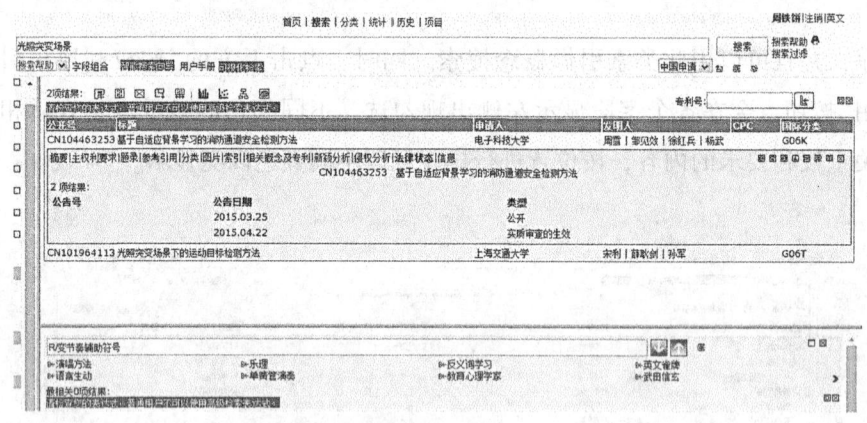

图 2.14 "法律状态""信息"结果界面

"分类"页面是按照专利分类进行的相关字段总结,如图 2.15 所示,点击"卤素灯",显示出有关卤素灯的专利记录,并有申请人、发明人、国际分类显示,较为具体,有助于用户对相关信息进行查找搜索。

"统计"页面则是对不同国家的不同公司从申请专利开始到今天总共申请的专利数目以及每年申请专利数目的折线统计图,如图 2.16 所示,有更加直观、清晰的视觉效果。

此外,Patentics 检索系统还可以进行组合检索,通过多种检索字段进行组合已获得用户需要的检索结果,如图 2.17 所示。

2.2 Patentics 专利信息检索与分析平台

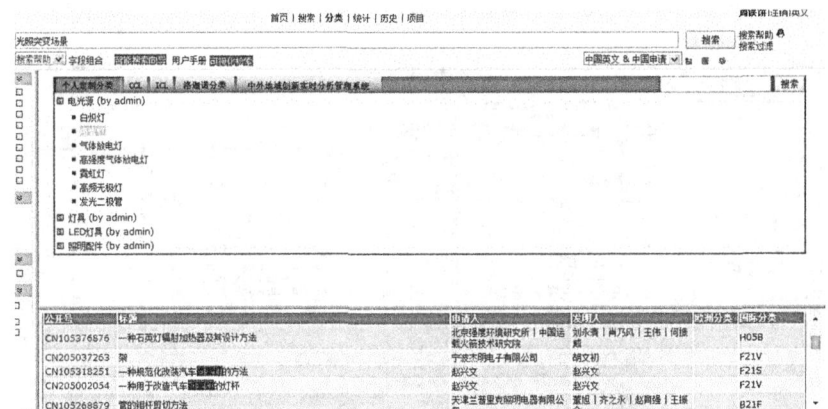

图 2.15 "分类"结果界面

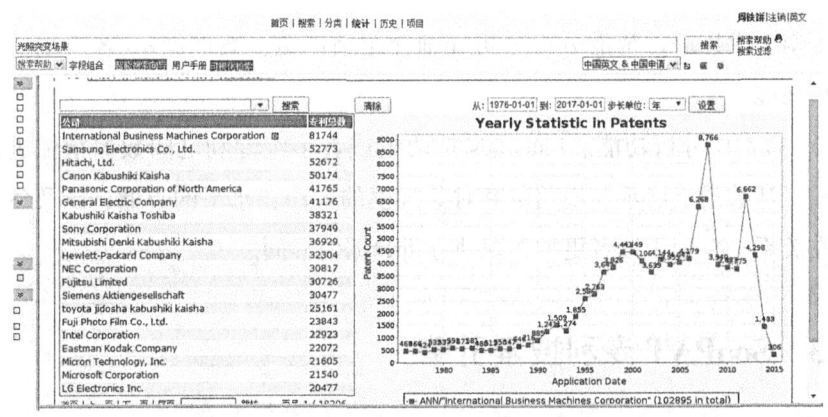

图 2.16 "统计"页面显示

Patentics 还具备智能客户端分析功能，主要包括：

(1) 专利攻防分析。提出专利攻防概念，提供分析价值信息：企业优势专利、企业弱势专利、对手优势专利、对手弱势专利挖掘创新技术点、企业产权风险控制、对手研发策略、路线、新立项目透视、核心技术专利挖掘、核心竞争专利分析。

(2) 智能分组分析。打破传统一次性分组统计计数分析模式，实现 n 次递解分组分析；打破传统分组模式的局限性(无法发现相关 专利)，实

17

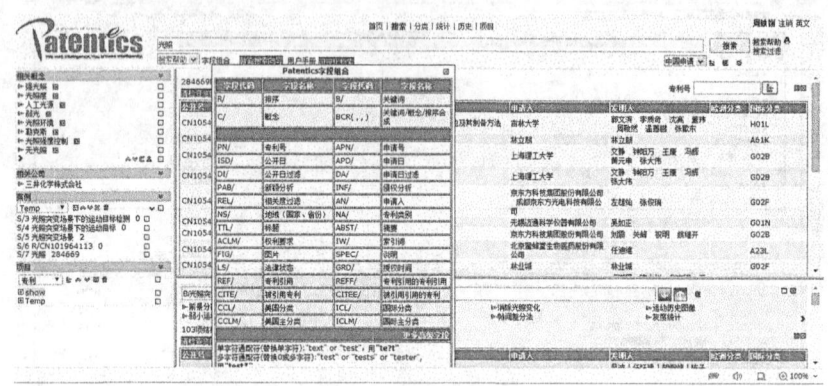

图 2.17　字段组合显示

现分组多次扩展。智能分组分析详细介绍请浏览：案例展示/客户端特色分析功能。

(3) 对比分析功能。Patentics 把两组或者多组专利之间数据指标进行比较，从数量上展示和说明研究对象规模的大小，水平的高低，以及各种内在关系。有助于读者更加直观地分析数据的异同。

2.3　SooPAT 专利搜索引擎

SooPAT 是一个专利数据搜索引擎，Soo 为搜索，Pat 为 patent，SooPAT 即搜索专利。SooPAT 致力于做"专利信息获得的便捷化，努力创造最强大、最专业的专利搜索引擎，为用户实现前所未有的专利搜索体验"。SooPAT 专利检索系统界面简洁，功能较为庞大。它同时提供了"中国专利"与"世界专利"两个搜索框。同时用户也可以通过搜索框右边的分类进行高级搜索。SooPAT 的检索结果提供了检索记录数、结果排序、权利状态等项，用户可以轻松找到自己想要知道的专利状况。此外，该系统提供的导出搜索结果选项和显示用户的搜索历史选项也为使用者提供了极大的便利。

2.3　SooPAT 专利搜索引擎

搜索进入 SooPAT 网站，首页包含两个主要搜索栏，分别为中国专利和世界专利。中国专利搜索框下有相关选项帮助检索，包含发明、实用新型、外观设计、发明授权。右侧还有表格检索、IPC 分类搜索、使用帮助的超链接，如图 2.18 所示。

图 2.18　SooPAT 主页

首页的右上方包含：高级用户登录、普通用户登录、繁、简。点击进入用户登录，可进行登录和注册，如图 2.19 所示。点击进入用户登录，可利用电子邮箱和登录密码进行登录，也可以注册或进入高级用户登录。

图 2.19　SooPAT 登录界面

登录 SooPAT 之后，用户使用界面包含首页、广场、热议、投票、用户搜索、收藏、评论、设置等内容，如图 2.20 所示，方便用户之间进行交流与互动。

图 2.20　SooPAT 用户界面

返回搜索主页，在搜索框内输入关键词"空调"，点击搜索。搜索的页面包含搜索结果统计和显示栏。在左侧的搜索结果统计进行了各种分类，方便对搜索结果进行分类筛选，右侧的显示栏包含专利的缩略图和详细信息，如图 2.21 所示。

每一个搜索的专利下包含阅读、下载、法律状态、信息查询、同类专利。点击可进行表格式专利信息的查看，如图 2.22 所示。

点击进入一个搜索结果，可以查看详细信息，并在下方选择在线阅读、专利下载、交易登记，如图 2.23 所示。

当用户需要多种条件复合检索时，SooPAT 为用户提供了表格搜索(见图 2.24)和高级搜索界面(见图 2.25)的展示，信息描述精确，且搜索更为精准。

2.3 SooPAT 专利搜索引擎

图 2.21 SooPAT 检索结果界面

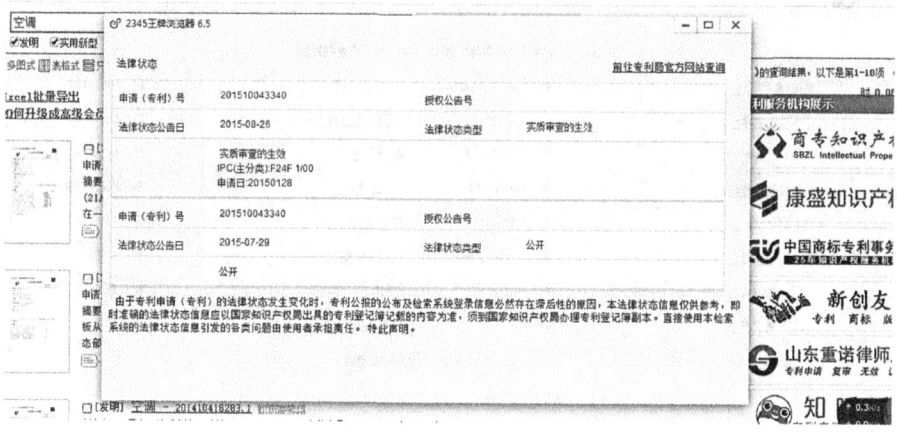

图 2.22 SooPAT 专利表格式浏览

图 2.23 SooPAT 专利详细信息界面

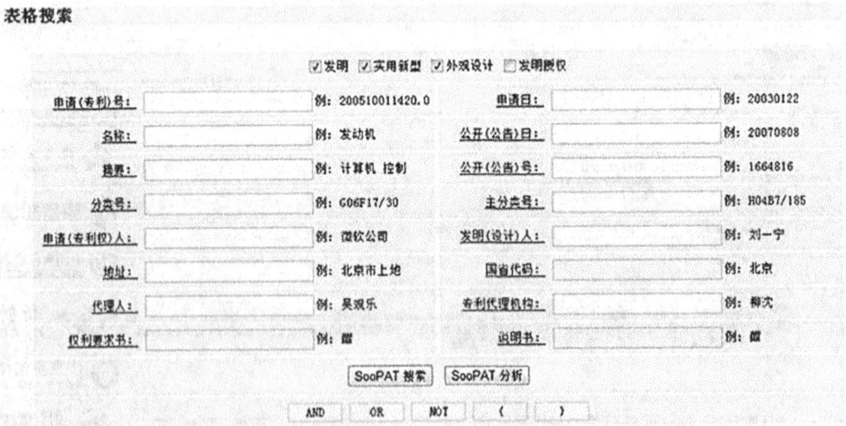

图 2.24 SooPAT 表格检索界面

2.3 SooPAT 专利搜索引擎

图 2.25 SooPAT 高级检索界面

使用 SooPAT 分析专利，也需要输入需要分析的专利关键词，例如输入关键词"空调"，如图 2.26 所示。

图 2.26 SooPAT 专利分析界面

23

点击 SooPAT 分析按钮之后，可进入 SooPAT 分析界面。根据申请日、公开日、申请人等分类统计专利的各项指标。使用折线图、饼图等数据分析工具进行整理，如图 2.27 所示。

图 2.27　SooPAT 专利分析报告

图 2.27 中有四种分析方式，当选中某种分析方式之后，可以进一步查看更详细的分析结果，例如选择申请人统计，点击查看详细报告，包含空调专利详细分类情况和申请人数、发明人数、大组数、百分比等信息。统计精确，较为直观，如图 2.28 所示。

2.3 SooPAT专利搜索引擎

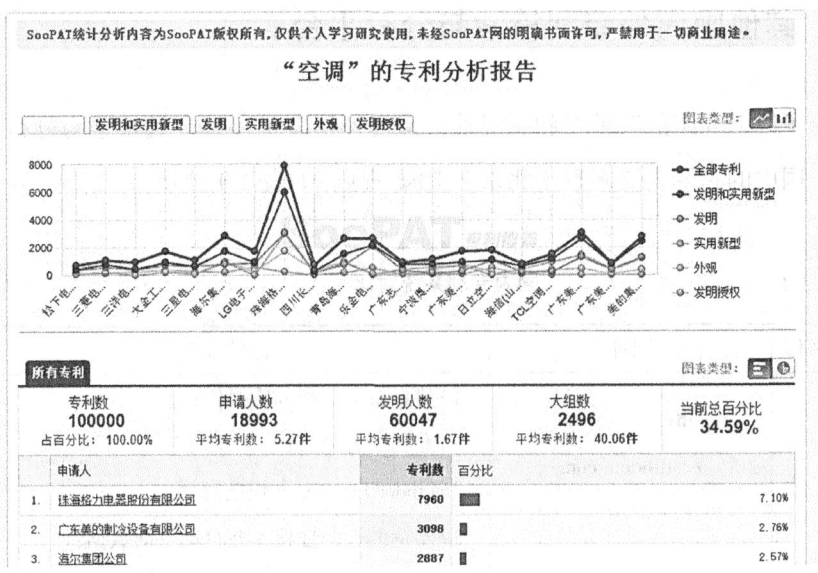

图 2.28　SooPAT申请人统计

此外还可以进行更为细致的分析，比如在申请人统计的基础上，再选择左侧选择栏中的技术骨干分析，又可以得到更为详细的分析报告，精确到每一个申请人的情况，如图 2.29 所示。

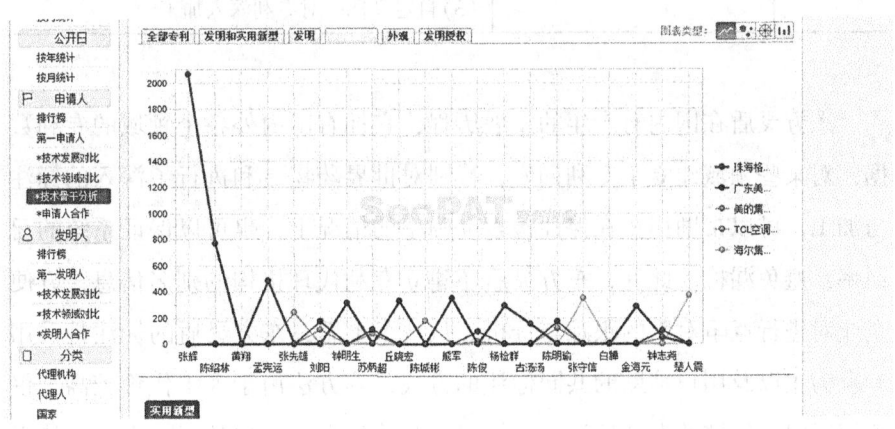

图 2.29　SooPAT技术骨干分析

2.4 其他国内外专利检索与分析平台

除了以上介绍的三种专利系统外,国内外还有了一些专利检索与分析平台,国内的系统主要来自于北京、上海等地,如表2.1所示。

表2.1 　　　　　　　　　国内专利系统对比

系统名称	网址	产品特点
东方灵盾	http://www.eastlinden.com	(1) 热点技术专利分析报告; (2) 专利预警分析; (3) LindenTrans 专利快速翻译
恒和顿	http://www.all-patent.com	(1) 支持创建个性化库并自动更新数据; (2) 可翻译多种语言,实现专利文献常用语言相互转换; (3) 可评估专利的获得性、代价/成本和公司影响性
彼速	http://www.bizsolution.com.cn	(1) 提供专利数据的批量下载; (2) 预警专利法律状态; (3) 自定义标引对专利深入加工

东方灵盾在国内有十年的发展历程,它拥有国内外各个领域的专利数据,对某些领域建立了专利词库,特别对世界药物专利进行了深入的标注与加工,可以帮助用户在保证检索准确率的情况下,也可以保证系统的召回率,避免漏检。此外,东方灵盾还建立专利代理机构的别名信息,方便企业对进行竞争对手的跟踪与分析。从技术上看,东方灵盾的标注是采用专家为主以及用户辅助的共同标注的方式,其方法由于人工代价较高,仅适用于限定领域的专利标注。在热点专利分析方面,它基于英文文献的引证数据,对专利热度进行评估,其方式比较简单。

北京恒和顿创新科技有限公司的 HIT_ 恒库是专利的检索、分析与管理的三位一体的集成平台。首先，在检索方面，它提供多种检索接口，可对专利的文摘、标题、发明人等进行检索，并可批量下载其数据；在管理方面，它可根据用户输入的新的检索条件，向原数据库中添加专利；在分析方面，它可以对发明人、申请人和国际 IPC 分类等进行自由组合分析，可以对专利的代价、成本、公司影响性和风险进行评估，可以对前向和后向的引证进行分析，生成各种表达形式的统计图表。

北京彼速信息技术有限公司的专利搜索引擎软件也具有专利检索、下载与分析的功能。它的主要功能特点有：可以连接多个国家的专利数据库，并对其批量下载，并对下载下来的专利按照 IPC 自动分类；此外，还支持用户对专利进行标注和评论；提供对专利名称、摘要、权利项等的自动翻译；可以生成各种类型的专利地图，对发明地域、技术趋势、发明人分布法律状态等进行分析和可视化。

国内的专利系统都提供了多种分析功能，但这些分析大多基于专利的结构化信息或者人工加工的专利信息，缺乏对专利非结构化信息的挖掘与分析。

国外的专利系统主要来自于美国、欧洲和日本等地，它们起步较早，大多采用的文本挖掘方法来分析专利，比国内研究更为深入，如表 2.2 所示。

表 2.2　　　　　　　　　国外专利系统对比

系统名称	网址	特　点
AUREKA	http: //scientific. thomson-reuters. com	(1) 基于关键词的专利文本分析； (2) 通过 Theme Software 文本分析工具对专利聚类生成专利主题地图； (3) 利用 Aureka 引证树分析专利引证数据

续表

系统名称	网址	特 点
Dervent Analytics	http://www.webof-knowledge.com	(1)提取专利中的名词短语； (2)分析专利技术活跃度，反映专利领域的技术变化和技术空白点
Delphion	http://www.delphion.com/	(1)对检索的结果可以进行引证分析与聚类分析； (2)通过聚类分析可以获得专利的热点分析地图
Wisdomain	http://www.wisdomain.com/wis_html/en/	(1)竞争对手研发实力分析； (2)关键词主题地图； (3)专利文本聚类

　　Aureka 是 Thomson 集团旗下一个重要的专利分析产品。它的专利检索数据范围包括美、日、德、法、英等多个国家和地区的专利授权机构。Aureka 的主要功能特点有：构建双向多级引证树；发现相关领域内的竞争对手；找出核心发明人；通过文本聚类分析的方式生成公司专利组合或专利组合中的技术分布地图；生成专利权人、发明人、前项引用、后项引用、引证分析等分析报告等。

　　Dervent Analytics 德温特专利是世界最领先的专利数据库之一，具有 50 多年的发展历程，它收集了世界上最全面、最权威的专利数据，它的特点在于对专利的标题和摘要进行了改写，对标题其加入了方法和目的的说明，对专利文摘进行了用途、特点和组成的划分与扩展，使得隐藏在专利中的信息可以被用户检索到，从而减少了专利漏检的情况。此外，考虑到用户检索时的一词多义性，对检索词所在的领域进行了分类，缩小了检索的范围。Dervent 对专利权人都有统一的编码，对于专利权人的别名和缩写情况都进行了合并。总之，Dervent 专利数据库的数据进行了详细的分类与深加工，是目前最权威的专利数据库之一。

Delphion 知识产权网站（Delphion-IPN）最早由 IBM（International Business Machines Corp）在 1997 年研发的，后来由 ICG（Internet Capital Group）共同成了 Delphion 公司，将其改名为 Delphion-IPN。它收录了美国、日本和欧洲的专利，提供简单检索、逻辑检索、高级检索以及专利号检索，对检索的结果还可以进行引证分析与聚类分析，其聚类分析的相似度计算是基于专利词语的重叠，并选择高频词对类进行描述。通过该聚类分析可以获得专利的热点分析地图，但由于一个类中有太多的热点词汇，其可读性并不强。

Wisdomain 是韩国专利系统，它收集了美国、欧洲、日本和韩国的专利，主要特点在于专利的引证分析，它包括前向引用、后向引用和多级引用，形成引证分析树，从而获得一个技术的进化过程，通过交叉汇集的地方获得热点专利。此外，它还支持基于引证数据的聚类以及 IPC 分类，以此获得专利的热点领域。

第3章
专利检索与分析关键技术

专利检索与分析系统涉及多方面的技术,主要包括网络爬虫、信息抽取、机器学习、专利聚类、互联网热点分析以及专利可视化。

3.1 网络爬虫

在浩瀚的网络世界中,有着众多重要的数据和信息,如何从中获取需要的数据和信息呢?最简单、直接的方法就是用网络爬虫(Crawler)来解决。我们平常通过浏览器来浏览网页,而网络爬虫是通过模仿伪浏览器浏览网页。网络爬虫会按照一定的规则,自动地抓取网页中的信息,并能沿着网页的相关链接在网络上中采集资源,是一个功能很强的网页自动抓取程序。爬虫将互联网上的网页内容下载到本地形成一个互联网内容的镜像备份。目前网络爬虫已被广泛应用于搜集 Web 网页、文档、图片、音频、视频等资源。

网络爬虫主要的主要步骤为:①模拟浏览器发送请求;②获取网页代码;③提取有用的数据;④存放于数据库或文件中。图 3.1 为网络爬虫的主要步骤。

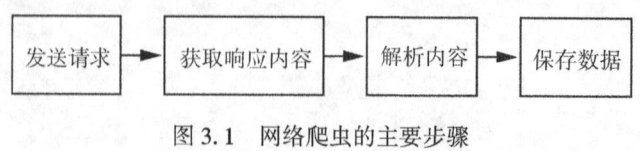

图 3.1 网络爬虫的主要步骤

通过某些高级语言，如 python 实现网络爬虫非常容易，代码行数很少，也无须知道网络通信等方面知识，非常适合非专业读者使用。然而，肆意的爬取网络数据并不是文明现象，通过程序自动提交内容争取竞争性资源也不公平，也有可能引发法律纠纷。

Robots 排除协议(Robots Exclusion Protocol)，也被称为爬虫协议，它是网站管理者表达是否希望爬虫自动获取网络信息意愿的方法。管理者可以在网站根目录放置一个 robots.txt 文件，如 https://www.baidu.com/robots.txt，管理者在文件中列出哪些链接不允许爬虫爬取，哪些链接可以被爬取。一般搜索引擎的爬虫会首先访问这个文件，并根据 robots.txt 文件要求爬取网站内容。Robots 排除协议重点约定其实是不允许其他爬虫获取的内容，如果没有该文件则表示网站内容可以被爬虫获得，当然，Robots 协议不是命令和强制手段，而是国际互联网的一种通用道德规范。绝大部分成熟的搜索引擎爬虫都会遵循这个协议，因为很多数据具有版权信息。当有人不遵循 robots 协议大量频繁地抓取某些互联网数据时，有可能会被封 IP 或者账号，也有可能会遭到互联网公司的起诉，所以我们建议个人也能按照互联网规范要求合理使用爬虫技术。

3.2 信息抽取

随着信息传递速度和网络信息量的快速增长，"信息爆炸"发生在我们的生活中。面对包围着我们的海量信息，我们从中得到有价值信息的难度也越来越大，人们对于有价值信息需求也越来越大，信息抽取技术恰是在这种环境下产生的。

信息抽取(information extraction)的任务是从半结构化或非结构化数据中提取用户关心的信息并以结构化方式展现出来。它与信息检索(information retrieval)的一个重要的区别在于，信息检索输出的是包含检索词的整篇文档，而信息抽取只输出用户感兴趣的那部分关键信息。信息抽取一般需要通过一定的词法、语法和句法的语义分析，但它并不需要理解整篇文档,只是局部分析文档中的关键信息。

信息抽取系统的设计主要有三大方法:一是基于自然语言的规则抽取,二是基于机器学习的方法,三是将前两种方法结合起来使用。

基于规则的信息抽取系统主要具有以下几个特点:规则由用户手工定义;个人的经验能够对系统的性能起到非常大的影响。它往往比基于机器学习的系统具有更好的性能,但是它对某个领域的熟悉程度以及语言能力的依赖性较大,需要专门的语言专家,因此开发周期较长,并且一旦开发完成之后就很难进行修改和移植到其他领域。富卫军利用基于规则的方法,分别从环境质量月报网页和城市天气预报网页中抽取出环境质量达标天数、地区月首要污染物、地区环境质量评价以及天气预报地区名称、日期、天气预报内容等信息。Levin MA、Xu Hua、Spasić Irena、Segura-Bedmar Isabel 等人利用自定义的规则从医学文档中抽取药名、诊断结果、药物相互作用等信息。

基于机器学习的信息抽取系统一般是采用统计或其他机器学习方法,如 SVM、隐马尔科夫模型(Hidden Markov Model,HMM)和条件随机场(Conditional Random Fields,CRF)等。它们的优势在于并不需要开发者制定自然语言描述的规则,但它需要足够多的已经标注过的训练样本,系统可以从已经标注的训练数据中学习出抽取规则并应用到未知测试数据中,一般把这两个过程称为"学习"(learning)和"测试"(testing)。将这类系统移植到其他领域需要重新标注相应的训练数据。Mulwad Varish 等人训练出一个 SVM 分类器试图从网页中识别出包含安全相关的文本片段。Li Rong、Lai Jianbing、Wang Peng 等人用隐马尔科夫模型对网页中的信息进行标注。王静等人基于网络内容和结构等特征,采用树型结构分层条件随机场(Hierarchical Tree Conditional Random Fields)对 Web 信息进行抽取。张春元基于条件随机场对新闻网页中的主题内容进行抽取。张传岩等同时利用 SVM 和扩展条件随机场对 Web 中的实体活动进行抽取。丁艳辉等提出一种二维关联边条件随机场和 SVM 结合的方法,对 Web 数据进行语义标注。李莹使用条件随机场对文本病历中的记录名称、诊断症状和实验室检查结果以及可能导致疾病的危险因素进行抽取。

　　针对基于规则抽取方法领域依赖较强和基于机器学习方法召回率较低的缺点，有的学者将这两种方法结合起来使用。许旭阳等综合利用这两种方法对《人民日报》中的时间表达式进行抽取，首先利用条件随机场进行一次抽取，提高抽取的准确度，然后使用自定义规则进行一个后处理，提高抽取的召回率。Xu Yan 等将 SVM、条件随机场和基于规则三种方法结合起来使用，从临床出院小结中抽取出结构化的信息。Xu Yun 等同时利用 SVM 和基于规则的方法提取蛋白质磷酸化的实验数据。

　　信息抽取技术是对专利分析的基础技术，准确的专利信息抽取可以支持专利有效的分析。

3.3　机器学习

　　机器学习是一门多领域的交叉学科，它通过学习已知的数据，从中分析出有价值的规律，并通过这些规律对未知数据进行探索与分析。它在模式识别、自然语言处理、生物信息分析等领域有非常广泛的应用。目前对机器学习方法的划分主要包括有导机器学习、无导机器学习和弱导机器学习，其中有导机器学习需要一定量已经标注的数据"指导"训练过程，用训练出来的模型测试未标记的数据，例如最近邻算法基于已经分类的数据，根据未分类的数据与已分类数据之间的距离和所属类别的个数，判断该数据属于哪种类别；而无导机器学习则没有训练数据，例如聚类方法，将相似的数据聚为一类，使得类间数据距离最小，类与类之间的距离最大，这种没有已知数据而自动形成模型的过程被称为无指导机器学习。

　　本书中采用的"增量式"标注属于弱导机器学习的范畴，不同于有导机器学习，它适用于没有大量训练数据的情况。早期的弱导机器学习方法的运用由 Google 创始人 Sergey Brin 采用 DIPRE（Dual Iterative Pattern Relation Expansion）模型从互联网中增量式地抽取出图书书名和作者的命名实体。

它从 5 本书开始，在互联网的半结构化数据集中不断地迭代和扩展匹配模式。受到 Brin 方法的启发，Agichtein 使用命名实体标记器从非结构化的自由文本中抽取关系。然而，这两种方法不太适合于中文专利的信息抽取和标注。因为上述这两种自举的弱导机器学习方法要求在源数据中有结构化的标签(例如 XML 标签)，而中文专利中没有任何的标签。此外，Agichtein 的方法需要使用一些命名实体工具，而对于中文处理领域来说，目前还没有这样的复杂工具。协同训练是另外一种弱导机器学习方法，它最早是用于从两个视角对网页进行分类。一个视角是网页可以用它的文本内容来表示，另一个视角是网页可以用指向它的那些超链接来表示。如果有足够的训练数据，任何一个视角都可以用来进行机器学习，但是当没有足够多的训练数据时，从这两个视角衍生出来的学习算法可以交互作用，以扩充对方的训练集合。

3.4 专利聚类

专利聚类分析是 IPC 分类更进一步的细化，通过文本聚类的方式来实现某一领域或某段时间的专利热点分析。利用识别出专利中的热点技术、功效及它们之间的关系，帮助企业从已公开的高质量专利中把握领域内的发展动向、学习先进的技术、规避专利技术雷区和分配有限的资源到有意义有价值的研究开发中。徐红娇等基于 Word2vec 算法对专利关键词聚类并进行主题相似度计算，构建专利演化图谱。齐丽花针对专利数据提出了改进的 K-Means 聚类算法，大大提高准确率及缩短聚类时间。

专利文本表示是专利聚类中关键问题，目前最常用的是向量空间模型。由于专利篇幅较长并常常会有新词出现，向量空间的维度非常大，计算的时间和空间代价非常大。为了降低向量的维度，Chen Yen 等采用 IPC 分类号表示专利，但其粒度较粗，实验效果并不理想，实用性不大。胡侠等解析 IPC 的树状层次结构，利用树距离度量专利之间相似性。李欣通过提取文本中 SAO(Subject-Action-Object)结构，进行语义相似度计算实现对专利文本聚类。

专利聚类分析是通过专利主题地图来表现的。在20世纪八九十年代,专利主题地图通常由领域专家制作完成。由于专利文献的篇幅较长,且结构和内容都较复杂,对专利地图的制作过程需要耗费大量的时间和人力,通常一个专利主题地图需要5~6个领域专家制作1个月以上。在21世纪,随着数据挖掘技术的不断发展,专利主题地图主要采用文本聚类技术,并且在很多商业专利系统中得到运用。著名的Thomson公司推出的Aureka专利地图,通过计算专利之间的文本相似度,采用文本聚类方法生成主题地图。其专利聚类过程首先从文本特征表示开始,如图3.2所示,这一过程涉及分词、停用词过滤、特征项选择和文本向量化等,这些过程通常是离线处理。然后系统会基于文本的向量化结构对专利相似度进行计算,最后采用现有的聚类算法对专利进行聚类。由于相似度计算和专利聚类以及结构可视化这三步通常是在线处理,因此它们对响应时间要求较高。

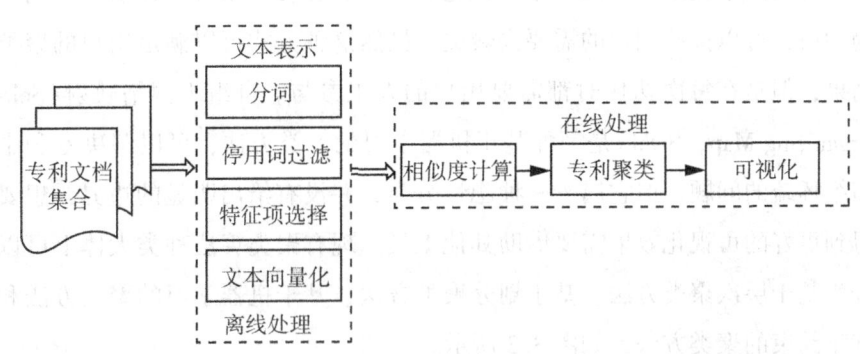

图3.2 专利聚类过程

专利聚类中有两个关键问题,一是专利文本的表示,二是专利的聚类算法。专利文本表示最为常用的是采用向量空间模型,它将专利文本视为词袋(bag-of-word),该方法虽然简单易行,但由于专利篇幅较长,向量空间的维度会非常大,且专利中经常会有新词出现,这种方法会产生较大的相似度计算量和索引的更新代价。为了降低向量的维度,Chen Yen-liang等人采用 IPC 分类号表示专利,每个专利对应若干个带有权重的 IPC 分类号,其权重的大小代表该专利针对该 IPC 领域的隶属度,由于 IPC 分类号的总数固定,所以这种向量空间模型的计算量较低且索引的更新代价较小,但该方法在聚类时的效果实际上类似于直接采用 IPC 分类的效果,粒度较粗,其实用性并不大。Huang Su-hsien 等人在表示专利时,除了考虑其主题,还考虑了其内在结构,它根据专利写作规范,将其转化为树状的层次结构。这种方法保留了专利的内在结构,比基于 IPC 和词汇的向量空间。模型保留了专利更多的语义,但其专利写作规范并不固定,于是每个专利层次树结构并不一样,在计算专利相似度时并不能完全基于该树状结构。

在聚类算法方面,采用 K-means 对专利聚类是一种常见方法,Sato Yusuke 等在 K-means 的基础上,考虑到专利的相似度比较小,引入了两种用户强制限定,一种是强制限定某个专利属于某个类,另外一种是强制限定使得某两个元素属于同一个类,这种方式相比传统 K-means 引入了用户的约束,可以按照用户的需要去聚类。虽然这种方式可以满足用户的聚类结果,但是在每次迭代时都需要用户的人工参与。自组织网络映射(Self-Organizing Map,SOM)是一种基于机器学习的聚类方法,可以解决专利中高维稀疏的问题,但它属于一种隐性分类,并没有给出明显的边界,想要得到更好的可视化效果需要借助其他工具。现有聚类算法种类大体上可以分为基于层次聚类方法、基于划分聚类方法、基于机器学习的聚类方法和基于约束的聚类方法,如图 3.3 所示。

作为专利地图的一种,技术功效矩阵通过揭示专利所使用的技术和所具有的功效来揭示专利中隐含的信息和潜在的关联,掌握技术重点、发现技术空白点和规避技术雷区,以其直观的特点引起了近年来学者的研究。Cheng Tien-Yuan 提出了一种不需要专家参与,也不需要专利分析的一种创建技术功效矩阵的方法。它依赖于英文专利的两种分类号:IPC(International Patent Classification,国际专利分类号)和 USPC(United States Patent Classification,美国专利分类号),认为 IPC 蕴含了专利的技术信息,而 USPC 蕴含了专利的功效信息，仅仅利用这两种分类号来生成技术功效矩阵。Hirofumi Nonaka 等提出了一种利用频率统计和线索词对日语专利自动生成技术功效矩阵的方法。陈晨、翟东升等给出了一个将文本挖掘和人工参与结合起来的半自动化的技术-功效-应用图生成方法。

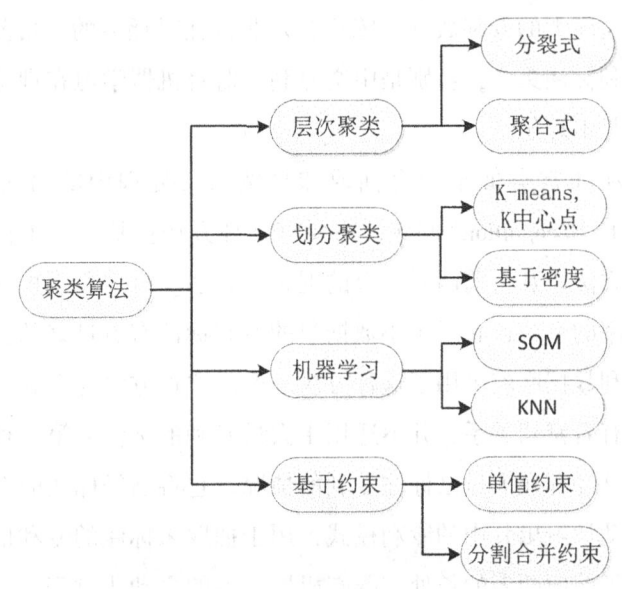

图 3.3 专利聚类方法分类

3.5 专利标注

专利标注是对非结构化专利文本进行特征信息提取并标识，对专利检索、分析和挖掘有着重要意义。但因专利文本中包含大量技术术语，增加了信息抽取的难度。目前中国的专利总量已达 2000 多万条，面对海量的数据完全依靠人工标注主要有两种方法。一种是基于人工模板法，该方法对于小数据集的专利标注展现其高准确率的优势。Liu Dachen 曾利用句法、词法特征构建一系列模板，测试准确率达到 90% 以上，但是这种方法与专

37

利所在的领域和描述语言有密切关系，需要较强的专业背景，不适用于大量专利标注。另一种是基于统计模型的机器学习方法，张博培等通过从文本信息中抽取有效特征构建隐马尔可夫模型，有效提取摘要中技术功效信息。Hidetsugu Nanba 利用支持向量机对专利的技术功效进行标注，虽无需人工参与，但准确率比较低，并且需要十万级的已标注数据，特别是对中文专利，建立庞大的专利数据训练集合是非常耗时耗力的。目前，没有完全公开的专利标注集合，特别是中文专利，监督机器学习在训练集较少的情况下效果并不理想。

专利标注非常类似于信息抽取和自然语义处理中的命名实体识别（Named Entity Recognition）问题，主要有三种方法：基于人工模板法、基于机器学习方法以及将前两者结合的混合的方法。自定义模板方法适用于需要高准确率的系统，它对于小数据集的专利标注有着良好的性能，著名的汤姆森专利数据库就采用了这种方法。但是这种方法与专利所在的领域和描述语言有着密切关系，并不适用于大量专利的标注。第二种基于机器学习适用于已经存在大量已标注专利的情况。它将已经标注的专利作为训练集合，自动学习出其中的专利模式，用于抽取未标注的专利信息。混合的方法结合了前面两者的长处，既有机器学习的自动化过程，又有手工标注的精确化过程。

基于模板的专利标注通常是采用自然语言处理的方法。在 2003 年，Shinmori Akihiro 将英文专利文摘经过词切分、词性标注和短语合并三个过程，抽取专利名词性短语，准确率达到 70%。在 2009 年，Peter Parapatics 基于英国谢菲尔德大学开发的开源语言信息处理平台 GATE（General Architecture for Text Engineering），定义了专利权利声明中的制作方法、使用方法、细节描述和组成结构模板。例如，表示组成的模板为：

An X, comprising a Y and a Z

值得注意的是，专利中有着复杂的嵌套结构，制作方法中可能包含组成结构模板，因此需要注意标注之间的包含关系，最终该方法经测试达到 90%以上的准确率。

基于机器学习的方法主要采用有导机器学习框架，将专利标注视为机器学习的 N 元分类问题。通过训练已标注的数据，学习出分类器，也就是标注所需的模板，用于识别未标注的数据。基于机器学习的方法关键点在于分类器的构建、特征的发现和选择中。Hidetsugu Nanba 等人利用支持向量机对专利的技术功效进行标注，选择的特征主要包括：①被标注词周围词的词性；②在属性标注的词周围是否包括度量词，如"精度""准确度"；③在功效标注的词周围是否包括一些特殊动词，如"实现""提高"；④在技术标注的词周围是否包括诸如"基于""采用"之类的介词；⑤在技术类的标注中是否有大写的专有名词，例如 KNN、HMM 等；⑥位置信息：被标记的语义片段是位于段首、段中还是段末。采用支持向量机方法的优势在于 SVM 计算的复杂度与被选择特征的数量无关，只与支持向量有关。所以，即使选择所有的相关特征也不会对 SVM 预测的计算数量有较大的影响。这种机器学习方法虽然无需人工参与，但它们准确率并不高。上述的基于 SVM 的方法仅有 50%左右的准确度，其原因在于：①专利中有很多合成专有名词，特别是对于某些技术名词，这些词的边界很难被识别出来。②识别的模式中有很多一词多义的词，如 by 这样的介词，它们的使用范围非常广泛，并不是所有的在 by 后面的名词都是表示专利技术。

第三种基于机器学习和模板的混合标注方式结合了上述两种方式的优点，既减少了人工参与，又保证了一定的准确性。Gui Jie 等人先采用条件随机场学习出一些规则，然后对这些规则进行人工的筛选，经实验对比发现，这种方法比单纯采用条件随机场的准确率高出 10%。

尽管上述研究实现了对专利的标注，但仍然存在以下问题：

(1) 准确率不够。

作为进一步专利分析的基础，专利标注首要应该保证的标注的准确性。目前有导机器学习和混合式学习的方法对于专利标注的准确率都不足 70%。虽然基于规则的方法可以在限定领域或很少的数据集中保持较高的准确率，但这种准确率在开放领域会有较大的下降，这是由于模板中词语的二义性导致的。

(2)需要大量标注。

在 NTCIR 的专利挖掘研讨会中，虽然可以采用有导机器学习的方法自动标注出专利文摘中的技术和功效，但是它需要十万级的已标注数据，构建如此庞大的专利训练集合非常耗时耗力。特别是对于中文专利没有足够的训练数据的情况，采用有导机器学习的方法会因为训练数据不充足而影响分类器的效果。

以上这些都是对英文专利的标注，而对于中文专利，由于中文语言处理的复杂性以及中文专利研究和中文专利检索系统发展的滞后性，直到近几年，专利标注才引起了国内为数不多的企业和学者的重视。国家知识产权局和东方灵盾对中国药物专利数据库和世界传统药物专利数据库进行了深度加工，标引的内容覆盖到分析方法、制剂方法、化学方法、提取方法、生物方法等，大大提升了专利的检索效率，为专利分析奠定了基础。石秀芹凭借在专利标引领域多年的实际工作经验指出，发明主题、技术领域、应用领域、发明组成、特征和效果、工艺参数、配比、剂型等都是专利标引的内容。张迪等指出了主题标引不仅应包括技术主题标引，还应该有对新颖性、活性等其他主题特性的标引。杨舟对专利中的词语进行词频统计，得到高频词表，基于这个高频词表发现其中的模式或规则，用于对专利中的特征、效果、技术背景等进行标注。考虑到 GATE 不支持中文，中国科学技术研究所的团队将中文分词工具引入其中，测试中文的专利信息抽取，但中文分词错误以及抽取规则的多变性，使得其抽取的效果并不理想，平均准确率在 50%左右。

虽然在自然语言处理领域的多文档自动文摘技术也是抽取关键句子，它是基于词频、位置、标题信息以及重叠率去计算出关键句子，但该方法并不能运用于本书的研究过程，这是因为首先专利中的重叠度并不高，并不能像网页那样可以对里面的重叠信息进行提取，此外通过多文档自动文摘获得的句子其语义并不能进一步区分，它抽取的关键句子可能是表示专利用途，也可能是表示专利的组成部分，还可能是表示专利的技术方法。

目前对于中文专利标注大多还处于手工标注的阶段。手工标注不仅工作量繁重、速度慢，而且标注的质量与标注人员的素质和其对相关领域的熟悉程度紧密相关。此外准确度低和缺乏大量已标注数据的情况在中文专利领域更为严重。最后，专利本身的专业性强、用词抽象等特点和中文语言处理的复杂性，使得全自动的中文专利标注的准确度通常很低。因此，人机结合是现阶段中文专利标注较为合理的方式，这种方式使用机器学习或者基于规则等办法对专利中的特征内容进行标注，在标注的过程中，领域专家或标引人员可以进行相关的筛选、判断等工作。

3.6 网络舆情分析

国内外有大量对网络舆情数据(例如新闻、微博、论坛等)热点的发现和分析研究。黄敏等采用复杂网络模型处理网络舆情，基于 PageRank 算法和 Hits 算法挖掘网络舆情中的关键节点，以此来发现网络热点。杨亮等认为微博中热点事件的发生通常会出现情感类词语的激增现象，因此通过分析网络中情感词语的分布来实现对热点事件的发现。吴永辉等考虑到网页更新和网页欺骗会引导错误的热点，改进了的 HotRank 算法，提出了一种新的网络主题发现和热点新闻推荐方法。李渝勤等利用命名实体识别和频次统计去发现互联网中的热词。王昊等在 Hits 算法中加入情感的因素，来分析公众对微博中热点事件的情感和态度。李东方等将 Web2.0 环境下网络用户的信息活动看作热度活动，利用热量传递模型提出了话题抽取与热度评价算法。王宏勇等综合分析了报道速度、报道相似度和报道权威度来计算网络新闻的热度。薛峰等为了避免传统的向量空间模型容易忽略掉突发性词语和没有考虑时间的不足，提出了一种动态突发性向量空间模型，实现对热点话题的在线发现与跟踪。Chen K. Y. 等通过两个步骤来获取互联网上的热点主题。第一步根据在时间轴上的分布抽取出热词，第二步在热词的基础之上识别出热点句子，将这些句子进行聚类，每一个类别代表一个热点主题。Li Hong 等与 Chen K. Y. 等的方法类似，试图从网络新闻中发现热点。它首先基于词频在某个时间段内获取网络新闻的特征词语，然后通过计算内容相似度对新闻进行聚类，利用时间衰退函数得到候选主题，最后依据特征词语的热度从候选主题中生成最终的热点主题。Yan Chunlei 等给出了一个基于特征词来预测网络主题的受欢迎程度的方法。通过分析新闻、评论、论坛来获取历史主题的关注度，建立特征词库并评估每个特征词的受欢迎度，对于某个新主题，估计其中每个特征词的贡献率，由此计算这个主题的受欢迎程度。You Bo 等从技术新闻流中发现热点主题，利用文本主题分布向量对新闻进行建模和聚类，从聚类类别中通过频繁模式挖掘去发现关键词集合，以此来表示热点主题。Lu Ping 等提出了利用合成聚类算法、Single-Pass 和 KNN 算法去发现互联网新闻中的热点主题的一个框架。Zhang Zhongfeng 等通过热词抽取和问题聚类来发现社区问答系统中的热点主题。Zhou Erzhong 等人受智能物联网思想的启发，认为用户的动机和行为模式决定热点主题的产生，通过分析用户的行为模式、网络舆论观点和舆论主导者三个方面的影响，发现新闻博客中的热点主题。Wu Yonghui 等提出了一个基于容错粗糙集和主题聚类的热点主题在线推荐方法。Peng Feifei 等综合考虑时间、词频和用户偏好发现微博中的热点主题。Zhang Cheng 等利用上下文关系扩充关键词向量来对中文段文本中的热点主题进行检测。Du Yanyan 等提出一个新颖的计算词语权重的方法，将用户权重、微博被收听、收藏和回复次数综合考虑发现微博中的热点主题。Ishikawa Shota 等发现 Twitter 上的热点主题。Chen Yan 等为了帮助企业了解用户对他们产品的反馈和感受，利用增量的聚类方法实时地发现与某个企业相关的热点主题。Tu Hao 等针对微博中有大量噪音和无意义数据的情况，首先利用贝叶斯分类算法过滤掉那些没有价值的微博数据，然后在经典的 Single Pass 聚类算法前添加一个平均值计算的步骤来实现对微博中热点事件的检测。由于微博的特征向量空间的高纬稀疏性，Zhang Silong 等用 LDA(Latent Dirichlet Allocation)模型降低文本向量空间的维度，在聚类时同时考虑文本上下文和语义的相似性。

以上这些互联网中热点发现的方法不适合用于中文专利的热点发现中，主要有两方面的原因：一是因为在很多情况下，互联网中某个网页被认为是热点意味着它被众多网页所引用(超链接指向)，而新的专利大多数没有引文信息，因此通过被频繁引用而认为是热点专利的方法在新的专利中不太适用；二是在互联网的热点发现中，往往通过统计词频去发现热点词语，而在专利中，词语的词频都较低，因此通过词频统计去发现热点词语的方法在专利中也不适用。

3.7 专利地图

专利数据复杂多样，并不容易被用户所接收。专利地图通过友好的用户界面，将专利数据转化为方便用户理解的、直观的、可交互的商业情报。专利地图分析对象是某个领域的专利数据集合，目前主要分为三类：第一类是技术功效地图，第二类是专利引证地图，第三类是专利主题地图。

(1) 专利技术功效地图。

专利技术功效地图最早由日本专利局提出。在第二次世界大战后，日本大量引入了欧美等发达国家的先进技术。它们为了是发现这些国家的技术热点和技术空白区域，以此促进企业的科技创新与战略决策。专利技术功效地图通常将专利分解成技术手段和技术效果两个维度，制作成矩阵或图表，横轴代表一项技术，而纵轴代表技术效果，表中的单元可以是专利号、专利数量、表示专利数量的图示等。例如，方亮等人对手机领域2003—2007年五年间的专利申请进行划分得到专利技术功效矩阵，如表3.1 所示。

从表3.1中可以看到每一年手机功效的发展趋势，例如，2002年多媒体技术、智能化技术和时尚外观设计催生了手机中的照相功能。同时，也可以发现3个技术空白区，例如：技术空白区2表明手机产业中外观设计发明不多，还有很大的发展空间，空白区3表明多媒体、智能化和数据连接技术在手机的 GPS 导航中运用还不多。

通过将一个领域内的专利集合制作成技术/功效专利地图,可以直观地掌握领域中主要技术以及这些技术产生的效果,从而快速地了解领域技术现状、发现技术真空,对指导专利部署的有着重要作用。

表3.1　　　　　　　　　　专利技术功效矩阵

技术＼功效＼年份	照相 2002 年	黑莓机 2003 年	Wi-Fi 双模 2004 年	手机电视 2005 年	GPS 导航 2006 年	智能性 2007 年
多媒体网络		✓	✓		✓	
多媒体技术	✓		✓	✓	空白区 3	
智能化技术	✓	空白区 1				✓
数据连接技术			✓	✓		
时尚外观设计	✓	空白区 2				

(2) 专利引证地图。

专利引证分析地图基于专利之间的引用关系,将专利之间的引证和被引证关系直观地展现出来,以此来发现热点专利或展现专利的发展趋势。德温特专利数据库拥有世界上最新、最全的专利引文数据库,图 3.4 是该数据库中某领域专利之间的引证关系图。

在图 3.4 中,bwd 和 fwd 分别代表了前向和后向引证。如果一篇专利被多次引用,说明该专利很有可能是一个热点专利。事实上,这种引证关系也可以建立在专利权人或者专利公开日的基础上。如图 3.4 所示,不同的颜色代表了不同的公司,专利 DE3123751、EP797048A1、US7001176B2、WO2002002991A1、WO2004044490A1、WO2003069231A1 都属于同一公司,根据该公司在该领域的专利数量和被引用情况,可以很容易分析出该公司在该图中处于领先地位。

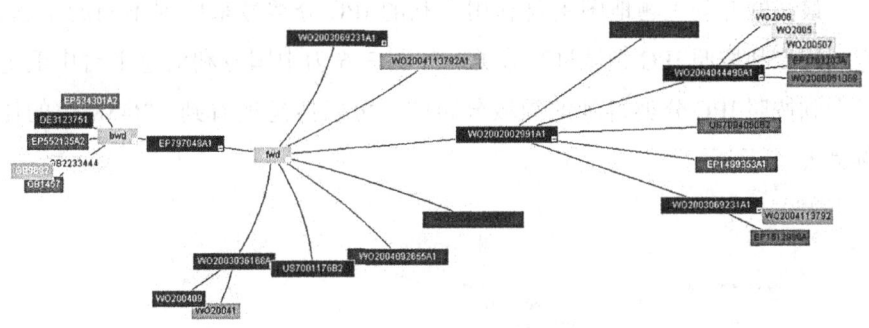

图 3.4 专利引证分析

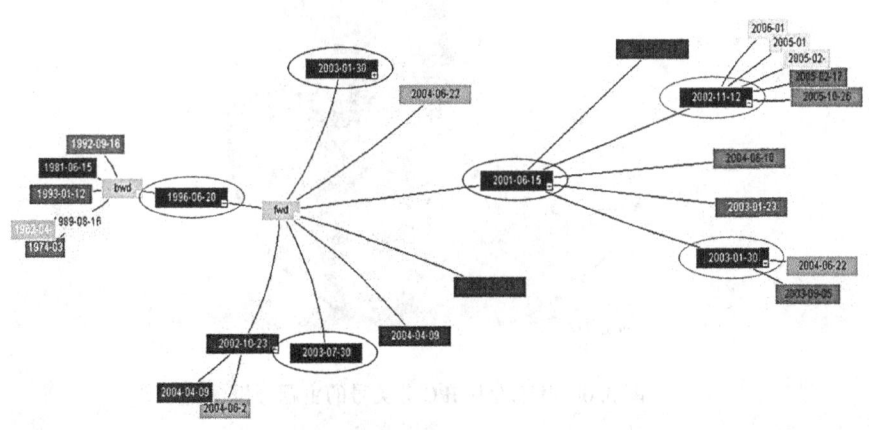

图 3.5 基于引证数据的研发周期分析

此外,引证数据也可以根据公开日进行研发周期的分析。如图 3.5 所示,椭圆形圈上的为同一公司,可以看到该公司四级引用的情况。在第一级引用中,首次发明是在 1981 年,之后在 1996 年,相隔 15 年。在 1996 年之后,在第三级引用中最长的间隔只有 7 年,而最短的间隔只有 5 年,明显比之前的 15 年缩短了时间。在 2001 年之后,在第四级引用中,时间间隔只有 1~2 年。通过对专利公开时间间隔发现,可以分析出该公司在该领域的研发周期不断缩短,该公司在该领域的研发地位越来越重要。

(3)专利主题地图。

最初的专利主题地图主要利用专利的 IPC 分类号来体现不同的主题,它们将专利按照 IPC 领域进行分类。如图 3.6 为中国专利信息平台中毛笔类专利按照 IPC 分类得到的领域分布图,可以清楚地看到,B43K 类的比例最大。

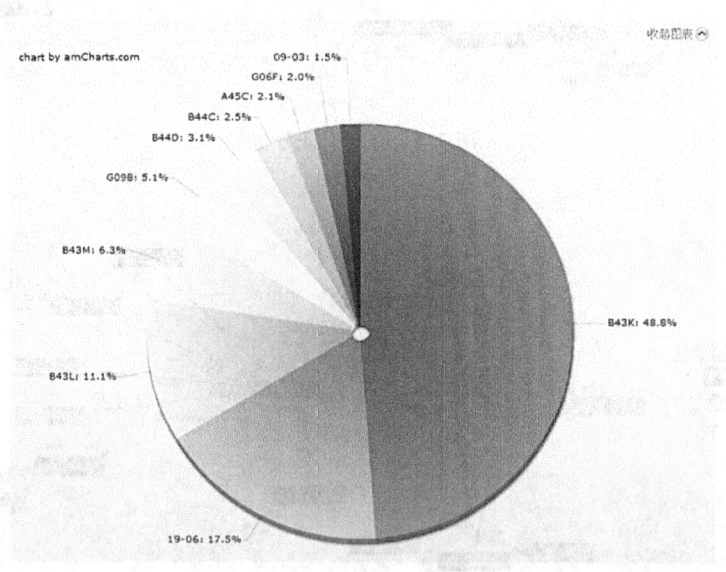

图 3.6　基于专利 IPC 分类号的主题分析

专利聚类分析是 IPC 分类更进一步的细化,它通过计算不同专利之间的相似度和关联程度,将相似性小、关联紧密的专利文献聚集在一起归为一类,用关键词表示类别名称,这种该关键词也被称作主题。这种主题相比专利 IPC 分类号而言有着更小的粒度,能够为专家提供更为细致的分析结果。聚类结果通常用专利地图来表示,将专利文本根据相似距离映射到二维平面上,采用等高线刻画专利数量,形成地形图,地图中技术主题聚集的地方形成山峰,一个主题中专利数量越多,其山峰将越高。如图 3.7 所示,地图中的每个点代表一篇专利文档,颜色越深代表该处的专利越多,其主题越热。

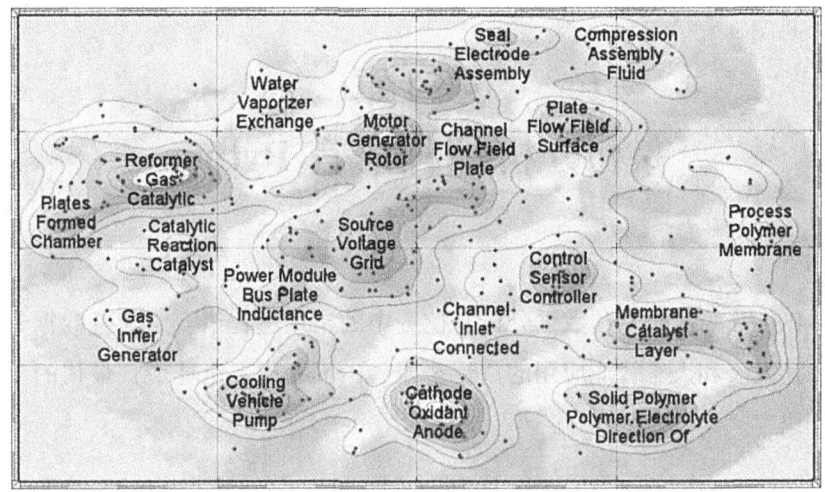

图 3.7　专利主题聚类地图

第 4 章
专利分析编程语言 Python

Python 语言是专利数据分析与挖掘中的常用编程语言。随着数据分析的飞速发展和人工智能应用的广泛普及，Python 成了全球增长最快的主流编程语言。

4.1 Python 语言概述

Python（巨蟒、蟒蛇的意思，英国发音/ˈpaɪθən/，美国发音/ˈpaɪθɑːn/），是一种面向对象的解释型计算机程序设计语言，由荷兰人 Guido van Rossum 于 1989 年发明，1991 年第一个公开发行版发行，它是一个跨平台的编程语言，结合了解释性、交互性和面向对象等诸多优点，是目前数据分析领域最为流行的编程语言。

4.1.1 Python 语言的特点和发展

Python 是一种高级程序设计语言，语法极其简单易懂，非常容易上手，是全球增长最快的主流编程语言。2020 年 10 月全球编程语言排行榜最受欢迎的编程语言中 Python 位于第三，并且已经跟排名第二的 Java 语言非常接近，当时 Python 受欢迎程度为 11.28%，Java 受欢迎程度为 12.56%。

Python 是一种高效简洁的编程语言，相比于其他语言，使用 Python 编程时，程序包含的代码更少，并且 Python 有很多第三方的库可以供编程人员使用，此外 Python 也是一种免费开源的编程语言，任何人可以自由地发布这个软件的拷贝、阅读它的源代码、对它做改进等。并且 Python 也是跨平台的语言，Python 可以在 Windows 平台下运行，可以在 Linux 和 Macintosh，甚至可以在网页上运行，Python Jupyter Notebook 就是一个在本地上运行的网页端 Python 开发环境，著名的 Baidu AI 也是基于 Python 网页端运行的这一优势，将 Baidu AI Studio 运用于网页端运行，更加有意于 Python 的代码分享，Python 广泛应用于数据分析、数据挖掘、机器学习等方面。

4.1.2 搭建编程环境

Python 是一种跨平台的编程语言，它可以运行在 Windows、Linux、OS X 等操作系统中，但是在不同的操作系统平台上，Python 的安装存在一些区别。在大多数的 Linux 和 OS X 操作系统平台上都默认安装了 Python，但是 Windows 操作系统并没有默认安装 Python。本章主要讲解在 Windows 平台上搭建 Python 的编程环境。

搭建 Python 编程环境的步骤如下：

（1）首先访问 Python 官网下载页面（http：//www.python.org/downloads/），找到最新版本的 Windows 系统下的 Python 的安装程序。在下载页面，会看到 Python 的两个主要的版本，一般称为 Python3 和 Python2。Python3 和 Python2 语法上有些差异，可以看成是两门不同的语言，因为 Python3 是最新的版本，且比 Python2 更加符合时代发展的趋势，因此，本章主要介绍 Python3 的安装及语法应用。

（2）单击 Python3 的下载按钮，会进入当前 Python3 版本的下载页面。本书所使用的是最新版的 python-3.8.6 版本。在下载页面的最下方，有 Python 当前版本在不同系统中的不同的安装程序文件。这里可选择 Windows x86-64 executable installer 链接下载安装程序 "python-3.8.6-amd64.exe"。

注意，当我们单击 Python3 的下载按钮时，有时候会自动弹出符合你系统类型的正确的安装程序"python-3.8.6.exe"。

(3)下载完毕后,单击运行安装程序"python-3.8.6-amd64.exe"或者"python-3.8.6.exe",弹出如图4.1所示的安装界面。最好要选中复选框"Add Python 3.8 to PATH",自动将 Python 路径配置到系统的环境变量中。

图4.1 配置安装路径和环境变量

当出现 Setup was successful 的界面时表示安装成功,如图4.2所示。

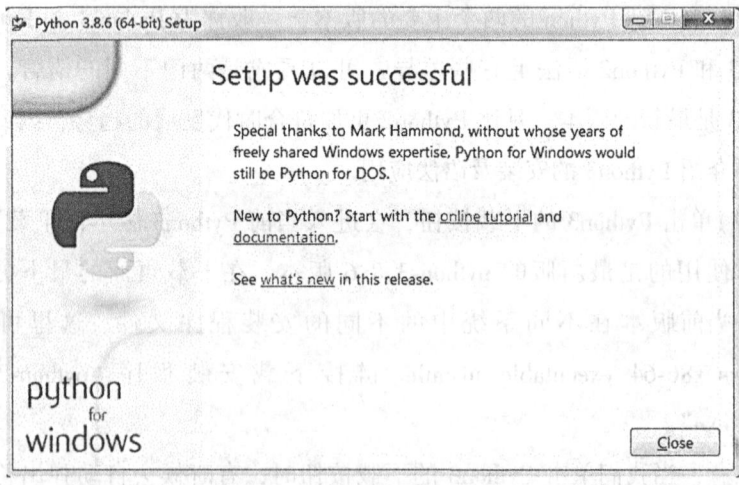

图4.2 Python 安装成功界面

为了进一步测试，就可以在 Windows 命令窗口中检查 Python 安装是否成功。在开始菜单的搜索栏里面输入"cmd.exe"，打开 Windows 命令窗口，输入 python 后回车，看到如图 4.3 所示的 Python 交互式命令行执行终端，表示 Python 安装成功。

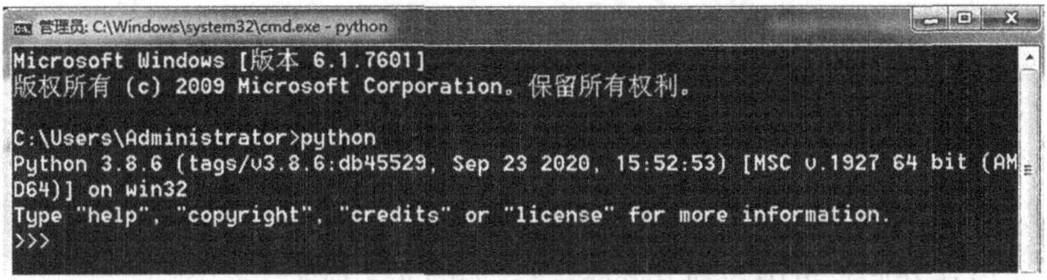

```
管理员: C:\Windows\system32\cmd.exe - python
Microsoft Windows [版本 6.1.7601]
版权所有 (c) 2009 Microsoft Corporation. 保留所有权利。

C:\Users\Administrator>python
Python 3.8.6 (tags/v3.8.6:db45529, Sep 23 2020, 15:52:53) [MSC v.1927 64 bit (AM
D64)] on win32
Type "help", "copyright", "credits" or "license" for more information.
>>>
```

图 4.3　启动 Python 交互式命令执行终端

如图 4.3 所示，命令执行终端显示了系统安装的 Python 版本，最后的符号>>>是一个提示符，表示可以输入 Python 命令。在交互式命令执行终端输入命令后回车，系统将执行 Pyhton 命令并输出结果。

如果出现如下问题，就是 Windows 操作系统不知道 Python 安装在系统的哪个目录下，需要把 Python 的安装目录加入系统环境变量。

```
C:\Users>python
```

'python' 不是内部或外部命令,也不是可运行的程序
或批处理文件。

4.1.3　屏幕输出 print 语句

Python 有两种编程方式，一种是交互式编程方式，直接在命令提示符下输入，命令提示符前面有三个大于符号，即>>>，这种编辑方式输入一行执行一行。另一种是编辑器编程方式，类似于记事本，适用于多行代码，特别是有分支和循环的代码，可以在 idle 中新建文件来运行复杂的程序。例如对于单行的程序，需要在屏幕输出"专利分析"，可以在交互式命令执行终端输入一行代码：

```
>>> print("专利分析")
```
专利分析

其中，>>>提示符后面表示 python 代码，没有>>>提示符表示是程序的输出的结果。print 语句括号中的专利分析两边的引号不能够省略，因为引号代表字符串类型，python 中字符串类型也可以用单引号，如下所示：

```
>>> print('专利分析')
```
专利分析

除了 Python 交互式命令执行终端，也可以通过 Python 安装程序自带的集成开发环境 IDLE(Integrated Development Environment)来执行程序：

(1)在开始菜单中找到 Python3.8，如图 4.4 所示。

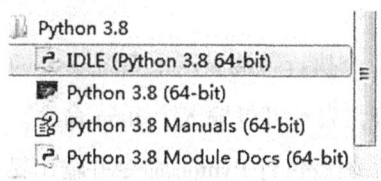

图 4.4　开始菜单中找到 Python3.8

(2)选择 IDLE(Python3.8 64-bit)的选项，弹出应用 idle 应用程序窗口，如图 4.5 所示。

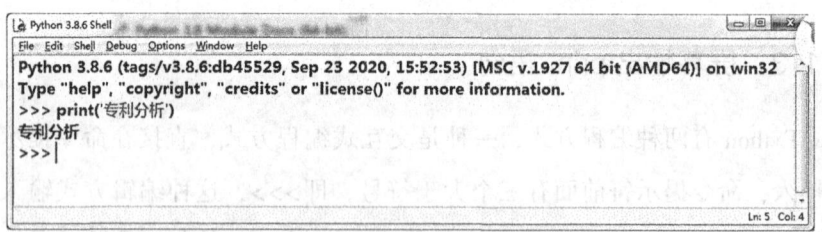

图 4.5　Python IDLE 编程窗口

当我们解决比较复杂的问题时，需要编写多行代码而后执行，可以通过 IDLE 建立 py 源程序文件。方法如下：

（1）单击 IDLE 窗口中的 File 菜单中的 New File 选项，新建一个空白文档。

（2）单击 File 菜单中的 Save 命令保存为"patent.py"文件，选择文件所在的位置为 C：\ Python 文件夹。

（3）在"patent.py"文件中输入显示消息"专利分析"的代码，并保存。

运行 .py 文件有如下两种方法：

（1）单击 Run 菜单下的"Run Module"命令，或者按快捷键"F5"键即可在 python 3.8.6 Shell 中运行该文件，如图 4.6 所示，并给出运行结果。

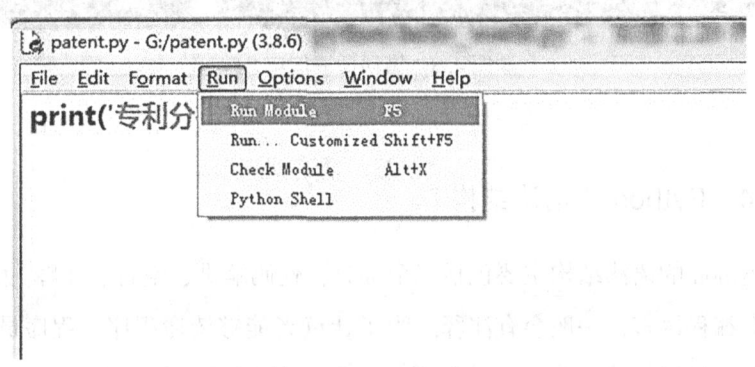

图 4.6　通过 Python IDLE 编写 py 文件

（2）在 Windows 命令终端窗口"cmd.exe"中运行"hello_world.py"文件，命令为"python G：\ patent.py"，如图 4.7 所示。

图 4.7　在命令终端运行 py 源程序

注意，如果此时命令终端为 Python 交互式命令执行窗口，可以先通过在>>>提示符后输入 exit( ) 函数或者 quit( ) 函数来退出当前的 Python 环境。然后再执行"python G：\ patent. py"，获得输出结果。

注意，不能在 Python>>>符号后面运行 py 程序文件，都会得到相应的错误反馈，如图 4.8 所示。

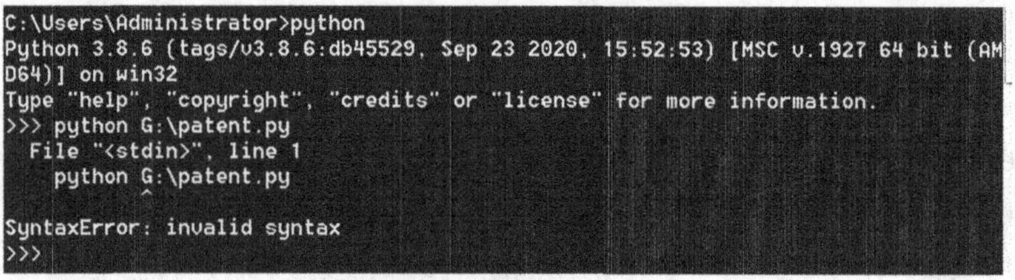

```
C:\Users\Administrator>python
Python 3.8.6 (tags/v3.8.6:db45529, Sep 23 2020, 15:52:53) [MSC v.1927 64 bit (AM
D64)] on win32
Type "help", "copyright", "credits" or "license" for more information.
>>> python G:\patent.py
  File "<stdin>", line 1
    python G:\patent.py
           ^
SyntaxError: invalid syntax
>>>
```

图 4.8　错误反馈信息

4.1.4　Python 的语法结构

Python 的语法结构主要包括三个部分：代码缩进、空行、注释。

在编程语言，一般会有注释。为了让读者能够读懂程序，程序员在书写代码时最好能够对多写的代码进行注释，特别是大段复杂的代码程序，注释也就是对代码的进一步说明。注释的形式有两种，一种是用井号(#)来注释一行，#后面的内容不管写什么都不会执行。例如：

#这是一行 python 注释

print("专利分析")

多行注释(段落注释)是当注释内容过多，无法在一行显示时，就可以使用多行注释，在 Python 中可以用三个单引号或者三个双引号来完成多行注释。例如：

print('专利')#输出专利

''' 这是多行注释的第一行,该行不会被执行

这是多行注释的第二行,该行不会被执行

这是多行注释的第三行,该行不会被执行 '''

注释内容要尽量以简洁清晰的语言把代码的功能讲清楚,方便今后的代码阅读和修改等。

Python 程序运行时,根据缩进来解读代码,不考虑空行,所以空行一般用来增加程序的可读性,对于程序的运行没有影响。缩进一般是 4 个空格。

注意,并不是所有的代码都可以通过缩进来包含其他的代码,否则会出现"unexpected indent"错误。如下所示,代码中误用了一个多余的缩进:

```
print("专利分析")
    print("知识挖掘")
```

运行代码后错误信息为:

```
 print("知识挖掘")
 ^
```

IndentationError: unexpected indent

Python 给出了语法结构的说明。通过在交互式运行终端输入 import this 命令可以获得,如下所示:

```
>>> import this
The Zen of Python, by Tim Peters
Beautiful is better than ugly.
Explicit is better than implicit.
Simple is better than complex.
Complex is better than complicated.
Flat is better than nested.
Sparse is better than dense.
Readability counts.
Special cases aren't special enough to break the rules.
Although practicality beats purity.
Errors should never pass silently.
```

Unless explicitly silenced.

In the face of ambiguity, refuse the temptation to guess.

There should be one--and preferably only one--obvious way to do it.

Although that way may not be obvious at first unless you're Dutch.

Now is better than never.

Although never is often better than *right* now.

If the implementation is hard to explain, it's a bad idea.

If the implementation is easy to explain, it may be a good idea.

Namespaces are one honking great idea--let's do more of those!

4.2 Python 变量及数据的使用

变量是指在程序中可以随时改变的量,一般由变量名称和变量值两个部分组成,变量名称就是程序对变量的命名,变量值就是定义的数据,而在 Python 中变量类型是在变量赋值时确定的。下面介绍 Python 中变量的定义与使用。

4.2.1 变量赋值与命名

在"patent.py"文件中添加一个名为 book 的变量,用来存储"专利分析"消息内容。只需要在开始添加一行语句:

book = '专利分析'

然后将 print('专利分析')改写成 print(book),得到的输出与之前一样的结果。这里"="号表示赋值的含义，即将字符串'专利分析'的内容放在变量 book 中，print(book)就可以打印输出 book 变量的值，即字符串的内容。

进一步修改"patent.py"程序为：

```
message ='专利分析'
print(message)
message ='知识挖掘'
print(message)
```

输出:专利分析

知识挖掘

运行程序，会得到两行输出，分别是专利分析与知识挖掘。由此可见，在程序中可以随时修改变量的值，而变量只能保存最后修改的值。另外，两次输出中间的空行，print 函数自带，如果希望用空格分隔程序，可以修改 print 函数的 end，这是专利分析和知识挖掘将会用空格分隔。

```
message ='专利分析'
print(message,end='')
message ='知识挖掘'
print(message)
```

输出:专利分析知识挖掘

在书写大段代码的时候，经常要定义多个变量，Python 变量的命名需要遵循如下的规则：

(1)变量名的第一个字符可以是字母或下划线，但不能以数字开头，变量可以包括字母、数字和下划线，也可以是中文变量名。例如_patent、patent_1、专利、_patent_1等都是正确的变量名，但是 1patent、1_patent 等都是错误的变量名。例如：

```
>>>1 专利='专利'
>>>print(专利)
```

专利分析

>>>1专利='专利'

SyntaxError: invalid syntax

（2）Python是大小写敏感的，变量名区分大小写并且不能包含空格，可以使用下划线或首字母大写来分隔较长的变量名中的单词，如my_patent、myPatent、MyPatent是3个不同的变量名，但是my patent则不能作为变量名，例如：

>>>my_patent='专利'

>>>print(myPatent)

　　Traceback (most recent call last):

　　　File "<pyshell#7>", line 1, in <module>
　　　　myPatent

NameError: name 'myPatent' is not defined

>>>my patent='专利'

SyntaxError: invalid syntax

（3）Python的保留字不能用作变量名，Python保留字包括：'False'、'None'、'True'、'and'、'as'、'assert'、'break'、'class'、'continue'、'def'、'del'、'elif'、'else'、'except'、'finally'、'for'、'from'、'global'、'if'、'import'、'in'、'is'、'lambda'、'nonlocal'、'not'、'or'、'pass'、'raise'、'return'、'try'、'while'、'with'、'yield'，无论何时都不能用这些关键字命名Python变量，因为这些关键字在Python中有固定的含义，例如False表示逻辑否的意思。例如：

>>> with='专利'

SyntaxError: invalid syntax

在Python的IDLE集成开发环境中，如果是保留字，该环境为程序员自动显示为不同颜色，用于表示关键字的不同，例如上例中with在IDLE中就显示为橙色。

在使用变量的过程中，最容易出现的错误如下命名错误："NameError: name 'label' is not defined"。

>>>label="专利"

```
>>> print(labe1)
Traceback (most recent call last):
  File "<pyshell#2>", line 1, in <module>
    print(labe1)
NameError: name 'labe1' is not defined
```

如果出现这样的错误,那么表明,变量名 label 没有定义,经过对比发现,labe1 跟前面定义的 label 拼写有错误,仔细比较改正错误后,程序就可以正常运行了。

变量值是重新赋值的,因为 Python 只包含变量名称和变量的值两部分,所以变量的类型是在赋值的时候确定的,Python 的基本数据类型包括:字符串类型、整型、浮点型、逻辑类型、列表类型和字典类型等多种数据类型。程序员可以先赋值一个变量为整型,然后再赋值一个变量为字符串类型,在这方面跟 Java 和 C 很不一样,例如:

```
>>> patent = 1
>>> type(patent)
<class 'int'>
>>> patent = '专利'
>>> type(patent)
<class 'str'>
```

Python 中通过 type 函数获取变量的类型,当前面 patent = 1 时,patent 变量为整型,接着 patent = '专利' 之后,patent 就变成了字符串类型。本书中将字符串类型的变量简称为字符串变量,将整数类型的变量简称为整数变量。

4.2.2 Python 中的字符串

在 Python 中,常见的有三种方式表示字符串,即一对单引号、一对双引号或者一对三引号,例如:

```
>>> patent1 = '专利分析'
```

```
>>> print(patent1)
```
专利分析
```
>>> patent2 = "专利分析"
>>> print(patent2)
```
专利分析
```
>>> patentAbstract = '''本发明提供新能源汽车供电系统,包括电池箱本体,还包括与所述电池箱本体的底壁铰接的侧门,所述侧门上至少设有一个第一安装孔,所述电池箱本体设有与所述第一安装孔相匹配的第二安装孔,所述侧门上设有若干第二滚轴。本发明能够使新能源汽车更换电池更加方便,不需要对电池进行搬运,只需对电池进行推动即可完成电池的更换;具有结构简单,更换电池方便及更换效率高等优点。'''
>>> print(patentAbstract)
```
本发明提供新能源汽车供电系统,包括电池箱本体,还包括与所述电池箱本体的底壁铰接的侧门,所述侧门上至少设有一个第一安装孔,所述电池箱本体设有与所述第一安装孔相匹配的第二安装孔,所述侧门上设有若干第二滚轴。本发明能够使新能源汽车更换电池更加方便,不需要对电池进行搬运,只需对电池进行推动即可完成电池的更换;具有结构简单,更换电池方便及更换效率高等优点。

上例中 patent1 和 patent2 其实表示的都是专利分析这个字符串,而 patentAbstract 实际上表示的是一个长段文本,在专利中,当定义一个专利文摘时经常会使用三引号,而如果是定义短文本专利名称和发明人名称时,则可以使用单引号或者双引号。

那么 Python 中单引号和双引号到底有什么区别呢?在实际使用过程中,有些文字会包含单引号或者双引号,例如,包含双引号的字符串需要用单引号引起来,包含单引号的字符串需要用双引号引起来。字符串中既有单引号也有双引号,则可以用三引号引起来,就都不会报错。

```
>>> patent = '在本说明书的描述中,参考术语"一个实施例""一些实施例""示例"或"具体示例"等的描述意指结合该实施例或示例描述的具
```

体特征、结构、材料或者特点包含于本发明的至少一个实施例或示例中。'

>>> patent="在本说明书的描述中,参考术语"一个实施例""一些实施例""示例"或"具体示例"等的描述意指结合该实施例或示例描述的具体特征、结构、材料或者特点包含于本发明的至少一个实施例或示例中。"

SyntaxError: invalid syntax

>>> patent2='''在本'说明书'的描述中,参考术语"一个实施例""一些实施例""示例"或"具体示例"等的描述意指结合该实施例或示例描述的具体特征、结构、材料或者特点包含于本发明的至少一个实施例或示例中。'''

>>> patent2

'在本\'说明书\'的描述中,参考术语"一个实施例""一些实施例""示例"或"具体示例"等的描述意指结合该实施例或示例描述的具体特征、结构、材料或者特点包含于本发明的至少一个实施例或示例中。'

在上例中,因为文字中包括双引号,所以只能用单引号引起来,如果用双引号引起来,就会语法报错。当 patent2 中既有单引号也有双引号则可以用三引号引起来。

Python 字符串在专利中是使用最为广泛的一种数据类型,其中字符串中一些函数常见操作包括拼接、归一化、转义和去空格回车等。

1. 字符串的归一化

在分析英文专利文献时,由于其中的某些属性中同时存在大小写字母,如发明人或者地址,可以调用 .upper()或者 .lower()方法将文本全部转化为大写或者小写字母。有时网上下载的专利内容前后会有多余的空格或者回车,这时可以用 strip()方法去掉前后两端的空格回车,当只需要去掉左边的空格回车时可以用 lstrip(),而当只需要去掉右边的空格回车时可以用 rstrip()。此外 strip 方法除了可以去掉前后的空格回车之外,还可以在括号中写其他字符用于去掉括号中的字符,如下例所示:

>>> name='Ronald W.Reagan'

```
>>> name.lower()#名字全部变成小写
'ronald w.reagan'
>>> name='   Ronald W.Reagan    '
>>> name.strip()#去掉两边的空格
'Ronald W.Reagan'
>>> name='''
Ronald W.Reagan'''
>>> name.lstrip()#去掉左边的回车
'Ronald W.Reagan'
>>> name='''Ronald W.Reagan
    '''
>>> name.rstrip()#去掉右边的回撤
'Ronald W.Reagan'
>>>patentName = '一种新能源汽车电池仓用防火毡及制作工艺.pdf'
>>>patentName.strip('.pdf')#去掉最后的.pdf
'一种新能源汽车电池仓用防火毡及制作工艺'
```

2. 字符串的拼接与输出

在专利分析时，将多个属性内容拼接在一起后打印输出，如下例所示：

```
>>>patentName = '新能源汽车的车体及新能源汽车'
>>>patentNo = 'CN201410370855.3'
>>> print('专利号:'+patentNo)
专利号:CN201410370855.3
>>> print('专利名称:'+patentName)
专利名称:新能源汽车的车体及新能源汽车
>>>patentPageNum=8
```

>>> print('专利号:'+patentNo+' '+'专利名称:'+patentName+' '+'总页数:'+str(patentPageNum))

专利号:CN201410370855.3 专利名称:新能源汽车的车体及新能源汽车总页数:8

>>> print('专利号:',patentNo,'专利名称:',patentName,'总页数:',patentPageNum)

专利号： CN201410370855.3 专利名称:新能源汽车的车体及新能源汽车总页数：8

>>> print(f'专利号:{patentNo} 专利名称:{patentName} 总页数:{patentPageNum}')

专利号：CN201410370855.3 专利名称:新能源汽车的车体及新能源汽车总页数:8

上例中定义了三个变量，字符串类型的 patentNo 和 patentName，整型的 patentPageNum，在第一种采用加号的输出方式中，patentPageNum 采用了 str() 函数进行强制数据转化，这是因为用加号拼接字符串时需要加号左右两边都是字符串类型。第二种采用逗号的输出方式中，变量和字符串之间用逗号分隔字符串和变量，用逗号分隔时不需要逗号左右两边都是字符串类型，逗号会自动将左右两边的字符串中间多输出一个空格以方便查看。第三种方式采用 print 后面加 f，格式化输出，在大括号中间的均是变量名称，格式化输出会把变量的值自动填入大括号中。

3. 字符串中转义字符的使用

当专利信息在 Python 终端打印显示出来的时候，有时候需要将 Python 终端的内容复制粘贴到 Excel 文件中，这时会用到制表符(\t)和换行符(\n)，例如如果希望将 patentNo、patentName 和 patentPageNum

如下面"转义字符.py"文件所示：

\>>>patentNo='CN201710228161.X'

\>>>patentName='新能源汽车用电缆'

```
>>>patentPageNum=5
>>>tableHeader = '专利号 \t 专利名称 \t 页码总数'
>>>tableContent=f'{patentNo} \t {patentName} \t {patentPageNum}'
>>> print(f'{tableHeader} \n{tableContent}')
专利号   专利名称   页码总数
CN201710228161.X 新能源汽车用电缆 5
```

直接复制python的输出内容时可以直接粘贴到Excel中，Excel也会自动按照制表分隔符来对数据进行结构化存储，如图4.9所示。

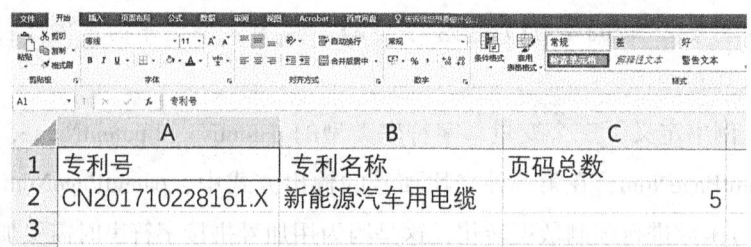

图4.9 通过制表符分隔的内容粘贴到Excel表格中

在处理专利文件时，经常需要读入文件路径，实际上文件路径也是字符串类型存现，需要注意的是，从Windows的地址栏复制文件路径时，如果遇到其中包括\n或者\t的需要特别注意，如下例所示：

```
>>>filepath='F:\newpatent\table.xlsx'
>>> print(filepath)
F:
ewpatentable.xlsx
>>>filepath=r'F:\newpatent\table.xlsx'
>>> print(filepath)
F:\newpatent\table.xlsx
```

该例子中，在第一次打印filepath的时候，\n变成了回车，\t变成了制表符,如果确实需要变成路径,可以在字符串前面加一个 r,表示 raw (纯字符串),如 filepath=r'F:\newpatent\table.xlsx'。

4. 字符串的分片操作

专利中有一个字段称作 IPC 分类号,它是国际专利分类(International Patent Classification)的简称,是根据 1971 年签订的《国际专利分类斯特拉斯堡协定》编制的,是目前国际通用的专利文献专利分类方法,一个 IPC 分类号由部、大类、小类、大组和小组来构成,其格式为:部(1 个字母)+大类(2 个数字)+小类(1 个字母)+大组(1~3 个数字)/小组(2~4 个数字)。例如:B64C25/30,A 代表该部属于作业运输,B64 代表该大类属于飞行器/航空/宇宙航行,B64C 代表小类属于飞机直升机,B64C25 代表该大组属于起落装置,B64C25/30 代表该小组是属于应急动作。由于 IPC 分类号是以字符串的形式存在,为了能够获取分类号的部、大类、小类、大组和小组,需要采用字符串的分片技术,在专利字符串中,序号可以正向从 0 开始,也可以逆向从-1 开始,如下所示:

字符串	B	6	4	C	2	5	/	3	0
正向序号	0	1	2	3	4	5	6	7	8
逆向序号	-9	-8	-7	-6	-5	-4	-3	-2	-1

由于"/"号分隔了 IPC 的前部分和小组,所以可以用个字符串的 split 方法来分隔出小组和其他部分,通过 split('/')可以获得两个元素,一个是序号为 0 的 B64C25,另外一个是序号为 1 的 30,在字符串分片操作中,如果需要取得多个字母组成的子字符串,可以用[start:end]的方式,该方式表示从序号为 start 的字符串开始,到以 end-1 的字符串结尾。如果需要从字符串的某个位置开始一直到最后,可以用[start:]表示从 start 位置开始一直取到最后一个字符串。

```
>>> IPC.split('/')#按照/分隔
['B64C25', '30']
>>> print('获取/之前的字符串',IPC.split('/')[0])#获取IPC
```
的前面部分

获取/之前的字符串 B64C25

```
>>>front(IPC=IPC.split('/')[0]) #获取IPC的前面部分赋值
```
给 frontIPC

```
>>> print('获取IPC中的部:',frontIPC[0])#获取序号为0的部
```
获取 IPC 中的部：B

```
>>> print('获取IPC中的大类:',frontIPC[1:3])#获取序号从1
```
到 2 的 IPC 大类

获取 IPC 中的大类：64

```
>>> print('获取IPC中的小类:',frontIPC[3]) #获取序号为3
```
的 IPC 小类

获取 IPC 中的小类：C

```
>>> print('获取IPC中的大组:',frontIPC[4:]) #获取序号从4
```
到末尾的 IPC 大组

获取 IPC 中的大组：25

```
>>> print('获取IPC中的小组:',IPC.split('/')[1])#获取以/
```
分隔的最后一个字符串即 IPC 的小组

获取 IPC 中的小组：30

4.2.3 数字变量以及逻辑变量的使用

在专利文献分析中，时常需要对数字进行计算。它们算术运算的操作及其意义如表 4.1 所示。

表4.1　　　　　　　　　　数值运算的操作表

操　作	操作含义
a+b	a与b之和
a－b	a与b之差
a＊b	a与b之积
a／b	a与b之商
a∥b	a与b之商的整数部分
a％b	a与b之商的余数
a＊＊b 或 pow(a,b)	a的b次幂
abs(a)	a的绝对值

Python 中的逻辑变量有两个 True(真) 和 False(假)，一般通过关系运算和逻辑运算来获得。Python 的关系运算符包括：小于<，大于>，小于等于<=，大于等于>=，等于==，不等于!=或者<>。Python 的逻辑运算符包括三个：and、or 和 not，即与运算、或运算和非运算，其中 not 表示取反，and 和 or 的运算结果如表 4.2 所示。

表4.2　　　　　　　　　　逻辑符号运算结果

运算表达式	结果
True and True	True
True and Flase	True
Flase and Flase	Flase
True or True	True
False or Flase	Flase
True or Flase	True

4.2.4 列表及其操作

列表是有序的元素组成的集合,其中的元素可以类型相同也可以类型不同。列表可以是一条专利的所有信息,也可以是一堆专利的专利号组成的有序集合,列表是专利中非常常见的数据结构,在 Python 中,用方括号([ ])来表示列表,例如:

>>>patentNos=['CN201510867661.9','CN201610867661.9','CN201530867661.9']

>>>patentNos[0]

CN201510867661.9

>>>patentNos[-1]

CN201530867661.9

>>>patentInfor=['CN201611094428.2','新能源车用氢气传感器',6]

>>>>>> print(f'专利号:{patentInfor[0]} 专利名称:{patentInfor[1]} 总页数:{patentInfor[2]}')

专利号:CN201611094428.2 专利名称:新能源车用氢气传感器总页数:6

>>>patentInfor=['CN201611094428.2','新能源车用氢气传感器',['廖晓霞','赵旭']]

第一发明人:廖晓霞第二发明人:赵旭

由上例可以看出,列表数据跟字符串一样,正向从 0 开始编号,逆向从-1 开始编号。从倒数第二个例子可以看出,列表中数据元素包括字符串类型和整型,技术列表中的数据类型不一样,也可以构成列表数据,这里跟 Java 和 C 语言都很不一样。此外,从最后一个例子可以看到,列表中可以嵌套列表,当一条专利中有多个发明人的时候,可以用子列表的方式嵌套到主列表 patentInfor 中。

字符串有时需要跟列表转化，将一个由某种分隔符组成的字符串转换为列表的方法就是 split( )方法，如下面例子所示，通过 split( )方法，将发明人按照空格划分为发明人列表。

>>> Inventors='廖晓霞;赵旭'
>>> Inventors.split(';')
['廖晓霞','赵旭']
>>> IPC='A01G9/24 A01G9/26'
>>> IPC.split()
['A01G9/24','A01G9/26']

上例中，split( )方法中的参数表示分隔符，如果默认不写，则表示以空格分隔，如上例中的 IPC 分类号分隔。

Python 列表中的数据可以用于基本的统计。假设有一些专利，它们的说明书页数分别为 5、6、7、8、9，可以用 Python 中的列表函数分别求其最大值、最小值、总和和元素个数。

>>>pageNums=[5,6,9,8,7]
>>> print('最多的页数为:',max(pageNums))
最多的页数为:9
>>> print('最少的页数为:',min(pageNums))
最少的页数为:5
>>> print('一共有的专利个数为:',len(pageNums))
一共有的专利个数为:5
>>> print('所有专利总的页数为:',sum(pageNums))
所有专利总的页数为:35
>>> print('平均专利页数为:',sum(pageNums)/len(pageNums))
平均专利页数为:7.0

列表除了可以做简单统计之外，还可以做排序操作，这里有两种方式

sort 和 sorted，其两者区别在于 list.sort() 方法对原始列表进行排序，改变原始列表的顺序，但没有返回值；而 sorted(list) 方法返回一个临时排好序的列表，但不改变原始列表的顺序。默认状态下，sorted 函数都是升序排列，如果需要降序排列，则可以在函数中加入一个参数 reverse=True。

>>>pageNums=[5,6,9,8,7]

>>>pageNums.sort()#对 pageNums 进行升序排列,没有返回值

>>>pageNums#查看 pageNums 排序后的结果

[5,6,7,8,9]

>>>pageNums.sort(reverse=True)#对 pageNums 进行降序排列,没有返回值

>>>pageNums#查看 pageNums 排序后的结果

[9,8,7,6,5]

>>>pageNums=[5,6,9,8,7]

>>> sorted(pageNums)#返回对 pageNums 升序后的临时列表

[5,6,7,8,9]

>>>pageNums# sorted 不改变原始 pageNums 列表的排序

[5,6,9,8,7]

>>> sorted(pageNums,reverse=True) #返回对 pageNums 降序后的临时列表

[9,8,7,6,5]

除了数字列表可以排序外，字符串列表也可以进行排序，其排序依据是 ASCII 码，即 American Standard Code for Information Interchange(美国信息交换标准代码)，一种用二进制表示字符的国际标准。ASCII 码长度为 1 字节编码，排序就是根据这一个字节的二进制转化成的十进制数进行比较的。标准 ASCII 码中，二进制最高位为 0，其编码范围是十进制 0~127，即标准 ASCII 码有 128 组编码。标准 ASCII 码如表 4.3 所示。

表 4.3　　　　　　　　　　　　　标准 ASCII 码表

高 4 位 低 4 位	0000	0001	0010	0011	0100	0101	0110	0111
0000	NULL	DLE	空格	0	@	P	`	p
0001	SOH	DC1	!	1	A	Q	a	q
0010	STX	DC2	"	2	B	R	b	r
0011	ETX	DC3	#	3	C	S	c	s
0100	EOT	DC4	$	4	D	T	d	t
0101	ENQ	NAK	%	5	E	U	e	u
0110	ACK	SYN	&	6	F	V	f	v
0111	BELL	ETB	'	7	G	W	g	w
1000	BS	CAN	(	8	H	X	h	x
1001	HT	EM	)	9	I	Y	i	y
1010	LF	SUB	*	:	J	Z	j	z
1011	VT	ESC	+	;	K	[	k	{
1100	FF	FS	,	<	L	\	l	|
1101	CR	GS	-	=	M	]	m	}
1110	SO	RS	.	>	N	^	n	~
1111	SI	US	/	?	O	_	o	DEL

这该表中 A 对应的二进制的 ASCII 码为 01000001，B 对应的二进制 ASCII 码为 01000010，所以 B 的 ASCII 码大于 A 的 ASCII 码。在列表排序中如下：

>>> patents=['Application','Vehicle','Bicycle']

>>> patents.sort()#按照 ASCII 码升序排序

>>> patents

['Application', 'Bicycle', 'Vehicle']

>>> patents.sort(reverse=True) #按照 ASCII 码降序排序

>>> patents

['Vehicle', 'Bicycle', 'Application']

(1)列表元素的统一计算。

为了方便对列表元素进行访问及操作，一般会将列表数据放在一个变量里面，通过变量以及下标来访问列表元素的值。如下面例子所示：

```
>>> Guests = ["David","Tom","Alex","Jim","Bob"]
>>> Guests[0]
'David'
>>> Guests[4]
'Bob'
```

从例子里面可以发现，列表元素的下标是从 0 开始的。不管列表中有多少个元素，Python 给最后一个元素固定了一个下标-1，倒数第二个元素下标也可以是-2，倒数第三个元素下标可以是-3。

```
>>> Guests[-1]
'Bob'
```

这种列表变量加上下标的方法，还可以用来修改、引用列表的数据。如下面例子所示：

```
>>> Guests[0] = 'Peter'
>>> Guests
['Peter', 'Tom', 'Alex', 'Jim', 'Bob']
>>> message = Guests[0].upper() + ', Welcome to our Pythonclass! '
>>> print(message)
PETER, Welcome to our Pythonclass!
```

（2）用 append()方法和 remove()方法添加和删除列表元素。

在专利信息搜集过程中，经常需要新加入一条专利信息，这时可以通过 append()方法在列表尾部添加新的元素，而如果希望把新的元素插入任意位置，则可以使用 insert()方法在列表指定位置添加元素，而当某个元素不需要的时候，可以使用 remove()方法删除给定的列表数据。如下例所示：

```
>>>patentNames=['风光互补型新能源通信塔','新能源偏向重力发电助动机']
>>>patentNames.append('一种家用新能源装置')#在 patent-
```

Names 的末尾加入新元素

>>>patentNames

['风光互补型新能源通信塔','新能源偏向重力发电助动机','一种家用新能源装置','一种家用新能源装置']

>>>patentNames.insert(0,'一种新能源阅读架')#在patentName 的第一个元素加入新元素

>>>patentNames

['一种新能源阅读架','风光互补型新能源通信塔','新能源偏向重力发电助动机','一种家用新能源装置','一种家用新能源装置']

注意：这是因为 insert 方法相当于插队，insert 方法添加了新元素之后，其后的元素序号都会加 1，我们之后用序号访问元素的时候需要注意这一点。

>>> Guests.sort()

>>> Guests

['Alex','Alice','Bob','David','Peter','Tom']

>>> Guests.reverse()

>>> Guests

['Tom','Peter','David','Bob','Alice','Alex']

(3)len()函数和 sorted()函数。

除了可以通过上面给出的方法来操作列表，Python 还给出了用函数来操作列表的方法，比如 len()函数可以给出列表的长度，即列表元素的个数。如下面例子所示：

>>>len(Guests)

6

sorted()函数可以返回一个有序状态的列表，但是不会改变原来的列表数据。注意，前面给出的 sort()方法会改变原来的列表数据。

>>> Guests = ['David','Peter','Tom','Alex','Bob','Alice']

>>> sorted(Guests)

['Alex', 'Alice', 'Bob', 'David', 'Peter', 'Tom']
>>> Guests
['David', 'Peter', 'Tom', 'Alex', 'Bob', 'Alice']

（4）用 for 循环遍历列表。

在实际应用中，当我们需要对列表元素进行一个一个的遍历与计算时，我们可以采用 for 循环来访问每一个元素。

patents=['APPLICATION','Vehicle','bicycle']
for patent in patents:
  print(patent.lower())#全部转化为小写字母

运行结果为：

application

vehicle

bicycle

由上面的例子可以看出，for 语句是将 patent 列表中的每一个数据元素依次放到临时变量 patent 中，然后依次执行 print(patent.lower()) 语句。

在使用 for 语句的时候，需要注意两点：

① for 语句后面一定要有英文冒号，否则会报错。

② for 语句后面的子语句一定要有一个 tab 键或者两个空格的缩进，上例中 print(patent.lower()) 前面的空白缩进，表示该语句是 for 语句的子语句，会被多次执行，Python 正是通过语句前面的空白缩进来控制程序结构的，这里跟 Java 和 C 语言很不一样。在下例中：

patents=['APPLICATION','Vehicle','bicycle']
for patent in patents:
  print(patent.lower())#全部转化为小写字母
  print('This is our patent')

运行结果为：

application

This is our patent

vehicle

This is our patent

bicycle

This is our patent

而如果代码 print('This is our patent')前面没有添加空白缩进,则该语句不是包含在 for 循环中的,只能被执行一次。例如下例中:

for patent in patents:
　print(patent.lower())#全部转化为小写字母
print('This is our patent')

执行结果为:

application

vehicle

bicycle

This is our patent

在 Python 中 for 循环还有一种简写的方式,称作列解析,它可以只用一行代码就生成相应的结果,如下例中:

\>>> patents=['APPLICATION','Vehicle','bicycle']

\>>> [patent.lower() for patent in patents]#对 patents 中的每个元素 patent 都进行小写转化

['application', 'vehicle', 'bicycle']

(5)使用 range()函数生成数字序列。

有时为了跟专利数据进行自动编号,Python 提供了一个 range()函数,用来递增的生成序列。

首先我们一起来看看数据的自动产生。如下面例子所示,range(1, 5)所产生的数据本身不是列表,但是可以通过 list()函数转换为数字列表。

\>>> range(1,10)

range(1, 10)

\>>> list(range(1,10))

[1,2,3,4,5,6,7,8,9]

由此可见，range(a,b)跟分片函数一样，只包含从 a 到 b-1 的整数，而不包含 b 本身。

range()产生的一系列连续的数值可以用来作表的下标，假设要写一个程序来返回列表中某个元素的序号，其例如下：

```
IPC=['A47B23/06','H02S30/20','H02J7/00','H02S30/20']
for i in range(len(IPC)):
    if(IPC[i]=='H02S30/20'):
        print(f'包含 H02S30/20 的序号为{i}')
```

输出结果为：

包含 H02S30/20 的序号为 1

包含 H02S30/20 的序号为 3

上例中通过 len(IPC)获得 IPC 列表的长度为 4，通过 range(len(IPC))，生成序列 0~3，然后通过 if(IPC[i]=='H02S30/20')来找到对应的 IPC 为 H02S30/20 的序号。

当然如果只需要返回列表中某个元素的第一次出现的位置也可以用 index()方法。

```
>>> IPC=['A47B23/06','H02S30/20','H02J7/00','H02S30/20']
>>> print('H02S30/20 的第一次出现的序号为:',IPC.index('H02S30/20'))
```

H02S30/20 的第一次出现的序号为：1

如果想知道一个列表中某个元素出现的次数可以用 count()，例如：

```
>>> IPC=['A47B23/06','H02S30/20','H02J7/00','H02S30/20']
>>> print('H02S30/20 的出现的次数为:',IPC.count('H02S30/20'))
```

H02S30/20 的出现的次数为：2

(6)列表切片。

Python 可以使用切片的方式来引用某一段列表的数据，如下面例子所示，冒号表示区间，前后的区间值都可以省略，省略前面的区间值表示从头开始，省略后面的区间值表示一直到列表的最后结束，前后区间值都省略，表示切片产生的是整个列表。

\>>> lists[2:3]

[77]

\>>> lists[:3]

[33, 55, 77]

\>>> lists[3:]

[11, 44]

\>>> lists[:]

[33, 55, 77, 11, 44]

4.2.5 字典及其操作

列表在定义一个对象时，是用数字序号进行索引，例如：

\>>>patent = ['CN201520691916.6','一种新能源阅读架','20150908',8]

\>>> patent[0]

'CN201520691916.6'

\>>> patent[1]

'一种新能源阅读架'

\>>> patent[2]

'20150908'

\>>> patent[3]

8

在上例中 patent 对象各个属性对应的序号如下：

序号	0	1	2	3
内容	CN201520691916.6	一种新能源阅读架	20150908	8

patent[0]对应的是专利号，patent[1]对应的是专利名称，patent[2]对应的是申请日，patent[3]对应的是页数，以递增的序号的方式对专利属性索引虽然简单，但是不容易记忆，专利的数据实际上有几十个，所以在实际编程中，更多的是采用字符串索引的方式，如下面的采用字典方式存储专利数据：

>>> patent={'专利号':'CN201520691916.6','专利名称':'新能源阅读架','申请日':'20150908','页数':8}

>>> patent['专利号']

'CN201520691916.6'

>>> patent['专利名称']

'新能源阅读架'

>>> patent['申请日']

'20150908'

>>> patent['页数']

8

通过上例不难发现，使用字典的方式可以更加直观地索引对象的属性，比列表的方式具有更高的可读性。上例中'专利号','专利名称','申请日','页数'被称作键，而'CN201520691916.6','一种新能源阅读架','20150908','8'被称为值，不同键值对与键值对之间用逗号分隔，键与值之间用英文冒号映射，这种映射关系如下表所示：

键	专利号	专利名称	申请日	页数
值	CN201520691916.6	一种新能源阅读架	20150908	8

字典的长度也是可以变化的，例如希望给 patent 加入 IPC 分类号。

>>> patent={'专利号':'CN201520691916.6','专利名称':'新能源阅读架','申请日':'20150908','页数':8}

>>> patent['IPC']=['A47B23／06','H02S30／20','H02J7／00']

>>> patent

{'专利号':'CN201520691916.6','专利名称':'新能源阅读架','申请日':'20150908','页数':8,'IPC':['A47B23／06','H02S30／20','H02J7／00']}

>>> patent['IPC'][0]#输出第一个 IPC 号

'A47B23／06'

在上例中 patent 起初只有四个属性，之后加入了一个 IPC 属性，该属性对应的值是一个列表，我们可以再通过列表的方式访问其中的值。

对应字典中的属性的值，是可以直接修改的，例如：

>>> patent={'专利号':'CN201520691916.6','专利名称':'新能源阅读架','申请日':'20150908','页数':8}

>>> patent['页数']=9

>>> patent

{'专利号':'CN201520691916.6','专利名称':'新能源阅读架','申请日':'20150908','页数':9}

在上例中 patent 的页数从 8 变成了 9。

当程序中不需要一个属性的时候，可以用 del 方法删除它，例如：

>>> patent={'专利号':'CN201520691916.6','专利名称':'新能源阅读架','申请日':'20150908','页数':8}

>>>del patent['页数']#删除页数这个属性

>>> patent

{'专利号':'CN201520691916.6','专利名称':'新能源阅读架','申请日':'20150908'}

字典是无序的，不能够通过键的次序的序号来访问，例如：

```
>>> patent={'专利号':'CN201520691916.6','专利名称':'新能
源阅读架','申请日':'20150908','页数':8}
>>> patent[1]
Traceback (most recent call last):
  File "<pyshell#219>", line 1, in <module>
    patent[1]
KeyError: 1
```

可以通过 for 语句来访问用户字典中的所有信息，下面代码所示为访问 patent 字典的所有键值对信息：

```
patent={'专利号':'CN201520691916.6','专利名称':'新能源阅
读架','申请日':'20150908','页数':8}
for k,v in patent.items():
    print(k,':',v)
```

运行结果为：

专利号：CN201520691916.6

专利名称：新能源阅读架

申请日：20150908

页数：8

在上例中 dict.items 同时返回两个值，分别是 key 和 values，依次赋值给变量 k 和 v，然后程序将其依次输出。

4.3 Python 程序的控制结构

4.3.1 条件选择

在实际的数据处理过程中，往往要根据数据的取值来给出相应的操作。比如对于专利的页数，如果大于 8 页，则输出长专利。代码如下：

```
PageNum=9
```

```
if(PageNum>8):
    print("长专利")
```

这个是最简单的 if 语句,根据条件的判断的真假来执行相应的操作。

if 语句的语法格式为:

```
if(条件表达式):
    子语句块
```

注意,if 语句的语法格式必须包括括号、冒号以及子程序块的缩进。

在实际的数据处理过程中,往往要对整个列表数据进行判断,根据数据的不同取值来给出相应的操作。比如对于一组专利有效性数据,如果为有效,则输出专利有效,否则输出专利失效,这里,需要用到 if-else 语句,代码如下:

```
patents = ['有效','无权','有效','无权']
for i in range(len(patents)):
    if(patents[i]=='有效'):
        print(i,"号专利有效")
    else:
        print(i,"号专利失效")
```

输出结果为:

0 号专利有效

1 号专利失效

2 号专利有效

3 号专利失效

if-else 语句的语法格式为:

```
if(条件表达式):
    子语句块
else
    子语句块
```

对于一组专利页数,小于 5 页是较短,大于 10 页是较长,在 5 页和

10页之间是中等，这里就需要用到 if-elif-else 语句。这个问题的求解代码如下：

```
patents = [7, 9, 4, 6, 11]
for i in range(len(patents)):
    if(patents[i]<5):#专利页数小于5页
        print(i,"号专利的页数较短")
    elif(patents[i]<10):#专利页数大于5页小于10页
        print(i,"号专利的页数中等")
    else:#专利页数大于10页
        print(i,"号专利的页数较长")
```

运行结果如下所示：

0号专利的页数中等

1号专利的页数中等

2号专利的页数较短

3号专利的页数中等

4号专利的页数较长

所以 if-elif-else 语句的语法格式为：

```
if(条件表达式):
    子语句块
elif(条件表达式):
    子语句块
else:
    子语句块
```

4.3.2 程序输入与文件读写

程序有时需要与用户交互式地进行输入，这时需要用到 input 函数，如下例所示：

```
>>>patentName = input("输入你的专利名称")
```

输入你的专利名称新能源阅读架
>>>print('您刚刚输入的专利名称是',patentName)
您刚刚输入的专利名称是新能源阅读架

input()函数可以将用户输入的值赋值给变量,而 input 里面的字符串起一个提示的作用,提示用户需要在屏幕上输入什么样的信息。

应注意,input 函数返回的是一个字符串类型的变量,当需要处理输入的专利属性中的变量是整型时,可以采用 eval 函数将字符串类型进行转化:

>>>patentPageNum1=eval(input('输入第一个专利的页数'))
输入第一个专利的页数 6
>>>patentPageNum2=eval(input('输入第二个专利的页数'))
输入第二个专利的页数 8
>>>patentPageNum3=eval(input('输入第三个专利的页数'))
输入第三个专利的页数 7
>>> print('三条专利的平均页数为',(patentPageNum1+patentPageNum2+patentPageNum3)/3)
三条专利的平均页数为 7.0

在上例中 patentPageNum1+patentPageNum2+patentPageNum3 被 eval 函数转化后,就变成了整型,可以用于四则运算。

用 input()函数一般只读取用户输入的少量信息。而当需要输入大量数据时,就需要通过文件的读取。

假设有一个 patentAbstract.txt 文件,该文件内容如下:

本发明公开了一种新能源活动板房,包括移动装置、通风装置、门系统和电能存储装置,所述移动装置通过支撑板连接于房屋主体的底板,所述底板的前端设有牵引钩,所述通风装置位于房屋主体的侧板,所述房屋主体上端左侧设置风电装置,所述风电装置右侧为太阳能热水器,所述太阳能热水器通过支撑腿连接于房屋主体的顶盖,所述顶盖上均设有太阳能电池板,所述门系统设置于屋主体的前板,所述电能存储装置通过螺栓安装于房屋主体的后板,所述后板右侧通过螺栓安装电热水器,所述后板下端安装水暖装置,所述房屋主体板内设有循环水管,该活动板房可利用风能和太阳能等绿色能源,安全无污染,可通过循环水管调控房间内部温度,提高住宿舒适度。

我们需要读入这个文件,然后计算这个文件的字数,处理代码如下:

```
file=open(r'F:\patent\patentAbstract.txt')#打开F:\patent\patentAbstract.txt 文件
content=file.read()#读入所有内容
print('这篇专利摘要的长度为:',len(content),'个字')#统计所有字数
file.close()#关闭文件
```

其输出结果为:

这篇专利摘要的长度为:295 个字

在上例中,我们总结一下,Python 从文件中读取数据包括以下几个步骤:

(1)找到输入文件的文件名和路径,用 open( ) 函数打开该文件,必要时设置编码。

(2)用 read( ) 方法将所有文件内容全部读入一个变量中。

(3)基于该变量对文件内容进行处理。

(4)关闭文件。

有时,程序需要一行行的处理文件,假设一个文件"patent. txt"的内容如下:

专利号:CN201010252537.9

专利名称:一种新能源活动板房

专利申请日:2010.08.13

IPC:E04H1/02;E04D13/18(2014.01)I;H02S10/12(2014.01)I;B60P3/32

内容简介:本发明公开了一种新能源活动板房,包括移动装置、通风装置、门系统和电能存储装置,所述移动装置通过支撑板连接于房屋主体

的底板，所述底板的前端设有牵引钩，所述通风装置位于房屋主体的侧板，所述房屋主体上端左侧设置风电装置，所述风电装置右侧为太阳能热水器，所述太阳能热水器通过支撑腿连接于房屋主体的顶盖，所述顶盖上均设有太阳能电池板，所述门系统设置于屋主体的前板，所述电能存储装置通过螺栓安装于房屋主体的后板，所述后板右侧通过螺栓安装电热水器，所述后板下端安装水暖装置，所述房屋主体板内设有循环水管，该活动板房可利用风能和太阳能等绿色能源，安全无污染，可通过循环水管调控房间内部温度，提高住宿舒适度。

访问该文件的 py 程序文件"patentReadlines. py"如下所示：

```
file=open(r'F:\patent\patent.txt')
content=file.readlines()
patentDict={}
for line in content:
    linelist=line.rstrip().split(':')
    patentDict[linelist[0]]=linelist[1]
print(patentDict)
file.close()
```

程序输出结果如下所示：

{'专利号'：'CN201010252537.9'，'专利名称'：'一种新能源活动板房'，'专利申请日'：'2010.08.13'，'IPC'：'E04H1/02；E04D13/18(2014.01)I；H02S10/12(2014.01)I；B60P3/32'，'内容简介'：'本发明公开了一种新能源活动板房，包括移动装置、通风装置、门系统和电能存储装置，所述移动装置通过支撑板连接于房屋主体的底板，所述底板的前端设有牵引钩，所述通风装置位于房屋主体的侧板，所述房屋主体上端左侧设置风电装置，所述风电装置右侧为太阳能热水器，所述太阳能热水器通过支撑腿连接于房屋主体的顶盖，所述顶盖上均设有太阳能电池板，所述门系统设置于屋主体的前板，所述电能存储装置通过螺栓安装于房屋主体的后板，所述后板右侧通过螺栓安装电热水器，所述后板下端安装水暖装置,所述房屋主体板内设有循环水管,该活动板房可利用风能和太阳能等绿色能源,安全无污染,可通过循环水管调控房间内部温度,提高住宿舒适度。']

读文件时要注意如下几点:

(1)Windows 操作系统下面的路径为 \ 斜杠,在 Python 中容易变成转义字符,所以我们在字符串路径前面加入 r,表示纯字符串形式,不转义。当然也可以用/斜杠打开文件,如

file=open('F:/patent/patent.txt'),这样也是可以的。

(2)content=file.readlines()返回的是一个列表,可通过下面方法查看:

```
>>> file=open(r'F:\patent\patent.txt')
>>> content=file.readlines()
>>>print(content)
```

['专利号:CN201010252537.9 \n', '专利名称:一种新能源活动板房\n', '专利申请日:2010.08.13 \n', 'IPC:E04H1/02; E04D13/18(2014.01)I; H02S10/12(2014.01)I; B60P3/32 \n', '内容简介:本发明公开了一种新能源活动板房,包括移动装置、通风装置、门系统和电能存储装置,所述移动装置通过支撑板连接于房屋主体的底板,所述底板的前端设有牵引钩,所述通风装置位于房屋主体的侧板,所述房屋主体上端左侧设置风电装置,所述风电装置右侧为太阳能热水器,所述太阳能热水器通过支撑腿连接于房屋主体的顶盖,所述顶盖上均设有太阳能电池板,所述门系统设置于屋主体的前板,所述电能存储装置通过螺栓安装于房屋主体的后板,所述后板右侧通过螺栓安装电热水器,所述后板下端安装水暖装置,所述房屋主体板内设有循环水管,该活动板房可利用风能和太阳能等绿色能源,安全无污染,可通过循环水管调控房间内部温度,提高住宿舒适度。\n']

上例中,readlines 返回的是一个列表类型,该列表中每一个元素就是一行文本内容,文本内容的最后一个字符都是回车,可以通过 for line in content：linelist=line.rstrip()来去掉最后一个回车符。

（3）由于每行中专利属性和其对应的值用冒号隔开，所有可以用 linelist = line.rstrip().split(':')，将字符串以冒号分隔成为列表，linelist[0]对应的就是属性名称，linelist[1]对应的就是属性的值。

（4）采用字典的方式存储键值对，首先定义一个空的字典patentDict，然后通过循环语句，对每个属性映射到响应的值，如下面代码所示：

patentDict[linelist[0]]=linelist[1]

（5）如果只需要读入文件的第一行内容可以用readline()，该方法只返回文件的第一行内容，如下例：

```
>>> file=open(r'F:\patent\patent.txt')
>>> file.readline()
'专利号:CN201010252537.9 \n'
```

（6）对于文件读入之后，如果需要第二次读入，必须关闭之前的文件，否则再次读入之后会返回空，如下例中：

```
>>> file=open(r'F:\patent\test.txt')
>>> file.read()
'CN201010252537.9'
>>> file.read()#再次读入返回为空
''
>>> file.close()#关闭文件
>>> file=open(r'F:\patent\test.txt')#再次读入
>>> file.read()
'CN201010252537.9'
```

常见的Python写入文件有两种方法，一种是覆盖写文件，另一种是追加写文件，这两种方式不同之处在于打开文件的方式不同，覆盖写的方式用w方式打开文件，追加写的方式用a打开。关于Python文件打开方式如下所示：

模式	可以做的操作	文件不存在时	是否覆盖
r	只读	报错	
r+	可读可写	报错	覆盖
w	只写	创建	覆盖
w+	可读可写	创建	覆盖
a	追加写	创建	不覆盖，追加
a+	可读可追加写	创建	不覆盖，追加

覆盖写的例子如下所示：

>>> patent='专利知识发现是一种深入挖掘专利的方法'

>>> file=open('patent.txt','w')

>>> file.write(patent)

18

>>> file.close()

执行文件后，文件内容就是"专利知识发现是一种深入挖掘专利的方法"，当需要写入一行文字后换行，可以将转义字符'\n'放到该行的合适的位置。

在执行完上面代码后，如果再次以w方式打开文件，如下例所示：

>>> file=open('patent.txt','w')

>>> file.write('专利分析系统')

6

>>> file.close()

当执行完成后，文本"专利分析系统"将会写入patent.txt中，之前的"专利知识发现是一种深入挖掘专利的方法"会被新的内容覆盖。如果需要在原有的文字内容基础上，加入新的内容，可以使用a方式打开文件。

>>> patent='专利知识发现是一种深入挖掘专利的方法'

>>> file.write(patent)

```
18
>>> file.close()
>>> file=open('patent.txt','a')
>>> file.write('\n专利分析系统')
7
>>> file.close()
```

这时,后面的"\n专利分析系统"便加到文字"专利知识发现是一种深入挖掘专利的方法"之后,所以新的patent.txt文件的内容为:

专利知识发现是一种深入挖掘专利的方法

专利分析系统

应注意,上面程序的file.close()都必不可少,否则容易出现文件内容为空的情况。由于每次打开文件都需要关闭,Python还有一种用with语句打开文件的方法,该方式不需要关闭文件。

```
with open('patent.txt','w') as f:#以w方式打开文件
    f.write('专利分析系统') #写入的文件的内容,之后不需要关闭
```

4.3.3 使用函数复用代码

函数是一个可以实现特定功能的代码块,它可以反复调用,使用函数可以使得程序看上去更加简单,一个函数可以有零至多个输入参数,也可以有零至多个返回值。Python函数一般分为如下三种情况。

(1)无参数输入,无返回值。如下面"greetings.py"程序中,用函数实现一组字符串的输出:

```
def printPatents():
    print("专利分析包括定性分析和定量分析")
```

当程序中调用方法,printPatents()的时候,其输出结果为:

专利分析包括定性分析和定量分析

(2)有参数输入,无返回值。

前面的程序只需要稍作改动，就可以变成一个有参数的输入。

```
defdescribePatents(patentNo,patentName):
    print('专利号为:',patentNo)
    print(专利名称为:',patentName)
```

当有两个专利调用该函数时，可以使用：

describePatents('CN201510830908.X','一种新能源汽车防撞梁')

describePatents('CN201410806406.9','新能源汽车的扭矩安全控制方法')

其输出结果为：

专利号为:CN201510830908.X

专利名称为:一种新能源汽车防撞梁

专利号为:CN201410806406.9

专利名称为:新能源汽车的扭矩安全控制方法

通过函数的调用可以实现代码的重复使用，简化代码。实际上 Python 的函数还可以将列表或者字典作为参数传入：

```
defprintPatentInfor(patents):
    for patent in patents:
        print('专利号为 ',patent['No'])
        print('专利名称为 ',patent['Name'])
```

上述函数传入参数为一个列表，列表中的每一个元素都是一个字典，字典中有两个属性，分别是'No'和'Name'，调用方法的方式为：

```
patent1={'No':'CN201510830908.X','Name':'一种新能源汽车防撞梁'}
patent2={'No':'CN201410806406.9','Name':'新能源汽车的扭矩安全控制方法'}
patents=[patent1,patent2]
printPatentInfor(patents)
```

最终输入结果为：

专利号为 CN201510830908.X

专利名称为一种新能源汽车防撞梁

专利号为 CN201410806406.9

专利名称为新能源汽车的扭矩安全控制方法

(3)有参数输入,有返回值。有时程序需要将处理之后的结果返回,这时就需要有返回值。

```
def getCharNum(texts):
    for char in texts:
        if char in ",。;:、":#去掉逗号、句号、分号、引号、顿号
            texts = texts.replace(char,'')
    print('去掉标点后的字符为:',texts)
    return len(texts)
```

调用该方法执行后的结果如下所示:

patentAbstract='本发明实施例提供了一种新能源汽车的扭矩安全控制方法。该方法主要包括:根据监测到的新能源汽车的电机参数信息计算出电池放电端的电机实际扭矩,根据监测到的新能源汽车的离合器参数信息计算出离合器端的实际输出扭矩;计算出电池放电端的电机实际扭矩和离合器端的实际输出扭矩之间的差值,将差值和预先设定的阈值进行比较,根据比较结果确定电机的目标输出扭矩。本发明实施例通过将电池放电端的电机实际扭矩和离合器端的实际输出扭矩进行比较和判断,对整车控制器输出的电机的目标输出扭矩进行合理地仲裁,并通过进一步将电机的目标输出扭矩和驾驶员需求扭矩、监控层需求扭矩进行比较,实现车辆扭矩的安全监控和协调,保障驾驶的安全。'

print('去掉标点后共有:', getCharNum(patentAbstract),'个字')

最后程序的输出结果是:

去掉标点后的字符为:本发明实施例提供了一种新能源汽车的扭矩安全控制方法该方法主要包括根据监测到的新能源汽车的电机参数信息计算

出电池放电端的电机实际扭矩根据监测到的新能源汽车的离合器参数信息计算出离合器端的实际输出扭矩计算出电池放电端的电机实际扭矩和离合器端的实际输出扭矩之间的差值将差值和预先设定的阈值进行比较根据比较结果确定电机的目标输出扭矩本发明实施例通过将电池放电端的电机实际扭矩和离合器端的实际输出扭矩进行比较和判断对整车控制器输出的电机的目标输出扭矩进行合理地仲裁并通过进一步将电机的目标输出扭矩和驾驶员需求扭矩监控层需求扭矩进行比较实现车辆扭矩的安全监控和协调保障驾驶的安全

去掉标点后共有：283 个字

4.3.4 专利分析中的常用模块

函数的优点在于，使用它可以将代码与主程序分开，可以将函数分给不同的人去完成，最后集成起来，可以将解决某种类型的函数写在一个独立的 py 文件中，在需要处理这种问题的时候直接调用这个文件，这样可以隐藏程序的细节，专注于主程序的处理逻辑，大大节省程序开发时间，这种方式被称为模块的导入，在编写主程序时，只需要用 import 语句导入相应的模块，即可调用模块里面的函数。任何人都可以编写一些模块，只要把编写的模块放到网上，便可以供他人来使用。

当安装好 Python 之后，就有常用的模块默认安装了，它们位于 Lib 文件夹下面，这种模块也被称为标准库函数，这种标准库函数不需要额外安装，如果有除标注库函数之外的需要安装时，可以在 cmd 环境下，输入 pip install 模块名称，从网上下载该模块。使用 import 导入模块(或函数库)有如下两种方式：

(1)方法一：import 模块名 [as 别名]

导入模块后，在程序中可以通过模块名来调用模块中定义好的所有函数。

(2)方法二：from 模块名 import <函数名, 函数名, …>

from 模块名 import   *

这种方法表示在程序中可以直接调用函数,不用再通过模块名。其中*是通配符,表示导入模块中的所有的函数。

下面将专利分析中的常用模块列举如下:

(1) Datetime 模块。

在专利中经常需要计算申请日和授权日之间的时间差,这时会用 Python 中专门用于处理时间的库 datetime 模块,例如下面代码使用 datetime 库计算申请日和授权日之间间隔的天数。

```
>>> import datetime
>>>filingDate='2014.12.19'
>>>openDate='2015.5.6'
>>>opendt=datetime.strptime(openDate,'%Y.%m.%d')
>>>filingdt=datetime.strptime(filingDate,'%Y.%m.%d')
>>>opendt-filingdt
datetime.timedelta(days=138)
>>> (opendt-filingdt).days
138
```

在上例中 filingDate='2014.12.19' 和 openDate='2015.5.6' 分别代表申请日和公开日,起初都为字符串类型,如果直接将两者相减,则会抛出 TypeError: unsupported operand type(s) for -: 'str' and 'str',这样的错误。所以必须将字符串转化为日期格式才能相减,将字符串转化为日期的方法是 datetime.strptime(str, format),该函数有两个参数,第一个参数是需要转化的字符串类型,第二个参数是前面字符串对应的日期格式,因为 openDate 的值为 2014.12.19,所以其对应的日期格式为 '%Y.%m.%d',其中 Y 代表年,m 代表月,d 代表日。当申请日和公开日都转化为对应的日期类型 opendt 和 filingdt 之后,就可以使用减法 opendt-filingdt,注意此时返回的是 timedelta 数据类型,如果需要获取具体的天数,可以用 (opendt-filingdt).days,此时将返回对应的天数。

(2) Numpy 模块。

在专利中有时候会计算一个列表的平均值和标准差,这时可以用 numpy 库,例如假设已知五条专利申请天数(申请日和公开日之差)分别为 138 天、158 天、160 天、120 天和 179 天,现在需要计算申请天数的平均值和标准差,使用 numpy 库可以直接调用函数计算平均值,标准差以及方差?

```
>>> importnumpy as np
>>> days=[138,158,160,120,179]
>>> print('申请天数的平均值为:',np.mean(days))
申请天数的平均值为:151.0
>>> print('申请天数的方差为:',np.var(days))
申请天数的方差为:408.8
>>> print('申请天数的标准差为:',np.std(days))
申请天数的标准差为:20.21880312976018
```

其中 np.mean 返回的是一个数组的平均值,np.var 返回的是数组的方差,方差反映的是数组中的元素跟平均值之间的偏离程度,方差是每个元素与全体元素的平均数之差的平方值之后的平均数所得,方差越大,代表其偏离程度越大,方差越小,表示元素各个元素之间跟平均值越接近。上述例子中的实际计算公式为:

$$[(138-151)^2+(158-151)^2+(160-151)^2+(120-151)^2+(179-151)^2]/5=408.8$$

np.std 返回的是数组的标准差,该标准差就是方差的算术平方根: $\sqrt[2]{408.8}=20.218$。

(3) Math 模块。

用来实现数学中的乘方、开方、对数等运算。通过 import math 命令导入 math 函数库,表 4.4 给出了几个 math 标准库的函数。

表 4.4　　　　　　　　　　math 标准库函数

函　　数	含　　义
ceil(x)	向上取整
floor(x)	向下取整
pow(x, y)	指数运算，x 的 y 次方
log(x)	对数，以 e 为基
log10(x)	对数，以 10 为基
sqrt(x)	平方根
exp(x)	x 次幂，以 e 为基

导入 math 标准库后，通过 math. 函数来调用相应的函数，示例如下：

```
>>> import math
>>> math.sqrt(9)
3.0
>>> math.pow(3,2)
9.0
```

4.3.5　用 turtle 模块绘图

turtle 模块是 Python 中的一个简单的绘图工具，它提供了一系列用于绘制图形的函数。用 turtle 绘制图形时，只有一只画笔、一个画布(也就是绘图窗口)。画笔的初始位置默认在画布的中心，方向默认为水平向右。画笔的位置和运动的方向和距离都可以由函数控制，包含运动函数和画笔控制函数，分别如表 4.5 和表 4.6 所示。

表 4.5　　　　　　　　　　运　动　函　数

forward(d)	从当前位置，按当前方向，向前移动距离 d

续表

forward(d)	从当前位置，按当前方向，向前移动距离 d
backward(d)	从当前位置，按当前方向，向后移动距离 d
right(degree)	将当前方向向右转动 degree 度
left(degree)	将当前方向向左转动 degree 度
goto(x, y)	将画笔移动到坐标为(x, y)的位置，方向不变
speed(speed)	设置画笔绘制的速度，speed 取值范围为[0, 10]

表4.6 画笔控制函数

pendown( )/down( )	画笔落下，接下来移动画笔时绘制图形
penup( )/up( )	画笔抬起，接下来移动画笔时不绘制图形
setheading(degree)	设置画笔前进的方向，degree 代表角度
reset( )	恢复所有设置
pensize(width)	画笔的宽度
pencolor(colorstring)	画笔的颜色
fillcolor(colorstring)	绘制图形的填充颜色
begin_fill	开始填充颜色
end_fill(False)	填充颜色不生效
circle(radius, extent)	绘制一个圆形，其中 radius 为半径，extent 为度数，例如若 extent 为 180，则画一个半圆；如要画一个圆形，可不必写第二个参数

在 Python 的 IDLE->Help->Turtle Demo 中有很多优秀的例子，如图 4.10 所示，使用 Turtle 模块绘制了一个动态的时钟。

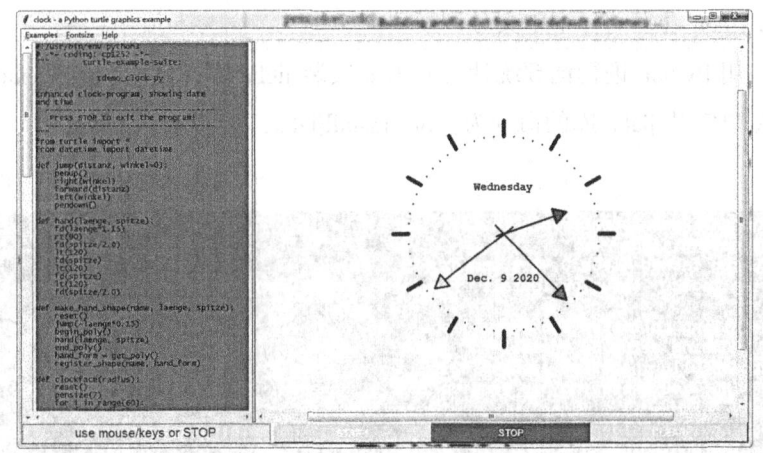

图 4.10 Turtle Demo 中的时钟例子

4.4 专利文本分析

Python 非常适合于文本分析,它丰富的第三方库使得基于 Python 语言的大数据文本分析变得简单高效。如果要用 Python 进行中文文本词频统计,可以用第三方函数库如 jieba 来实现。如果要进行文本词云分析,除了 jieba 库,还可用到第三方函数库 cloud、matplotlib 和 scipy。前面我们已经介绍了使用 import 导入并使用 Python 标准库的方法,除标准库外的第三方函数库都需要另行安装后才能使用,一般使用 pip 工具来安装第三方库。

4.4.1 词频统计

词频统计是专利分析中的常见问题,词频统计排序可以帮助我们找到文本中的高频词,这些词可能是专利中的热词或者关键词。英文专利中的词和词之间是靠空格隔开。对于一段英文专利文献,如果希望分词,那么只需要用到字符串处理的 split( ) 方法即可。

对于一段中文文本,词与词之间并没有分隔,因此中文分词就需要将汉字序列按照一定的规范重新组合成词序列的过程。目前结巴分词是最常用的 Python 开发的一个中文分词模块。

使用 Python 进行词频统计首先需要安装 jieba 库，使用 pip 在 cmd.exe 命令窗口安装 jiaba 库的命令为：pip installjieba，如图 4.11 所示。

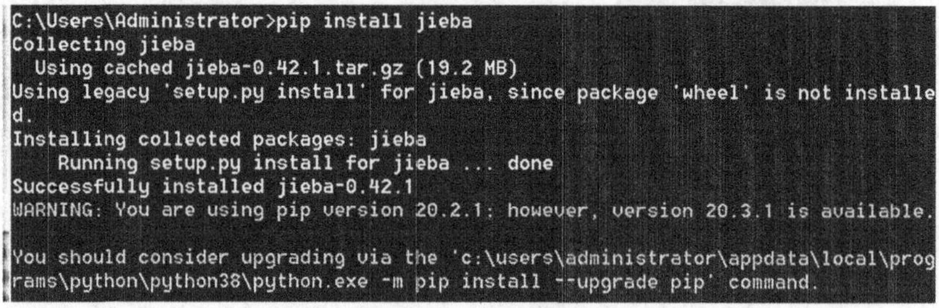

图 4.11 jieba 分词的安装

下例将展现 jieba 分词的使用方法：

importjieba

s='电动车车载终端发送操作请求的装置调度单元,按预设次数循环向车载终端发送电量更新请求并检测电量更新结果的电量更新控制单元;'

mylist = jieba.cut(s, cut_all=True)

print("全模式: " + "/".join(mylist)) # 全模式

mylist = jieba.cut(s, cut_all=False)

print("精确模式: " + "/".join(mylist)) # 精确模式

mylist = jieba.cut(s)   # 默认是精确模式

print("默认是精确模式: " +"/".join(mylist))

mylist = jieba.cut_for_search(s)   # 搜索引擎模式

print("搜索引擎模式 "+ ",".join(mylist))

上例的运行结果为：

Building prefixdict from the default dictionary ...

Loading model from cache C:\Users\ADMINI~1\AppData\

Local \Temp \jieba.cache

Loading model cost 0.752 seconds.

Prefixdict has been built successfully.

全模式：电动/电动车/动车/车车/车载/终端/发送/操作/请求/的/装置/调度/单元/，/按/预设/次数/循环/向/车载/终端/发送/送电/电量/更新/请求/并/检测/电量/更新/结果/的/电量/更新/控制/制单/单元/；

精确模式：电动车/车载/终端/发送/操作/请求/的/装置/调度/单元/，/按/预设/次数/循环/向/车载/终端/发送/电量/更新/请求/并/检测/电量/更新/结果/的/电量/更新/控制/单元/；

默认是精确模式：电动车/车载/终端/发送/操作/请求/的/装置/调度/单元/，/按/预设/次数/循环/向/车载/终端/发送/电量/更新/请求/并/检测/电量/更新/结果/的/电量/更新/控制/单元/；

搜索引擎模式电动，动车，电动车，车载，终端，发送，操作，请求，的，装置，调度，单元，按，预设，次数，循环，向，车载，终端，发送，电量，更新，请求，并，检测，电量，更新，结果，的，电量，更新，控制，单元，；

在上例中我们看到，jieba 分词的三种常用模式：(1)全模式，把句子中所有的可以成词的词语都扫描出来，速度非常快，但是不能解决歧义。通过 jieba.cut(，cut_all = True) 函数来实现。(2)精确模式，试图将句子最精确地切开，通过 jieba.cut( ) 函数实现，默认精确下是精确模式。(3)搜索引擎模式，该方式主要是面向搜索引擎，因为分词的结果会影响倒排索引的建立，所以搜索引擎会把所有的可能词全部返回过来，以此提高搜索引擎的召回率。在上例中还注意到，jieba.cut 以及 jieba.cut_for_search 返回的结构都是一个可迭代的 generator，用"/".join(mylist)，可以将返回的每一个元素按照/分隔开来，另外 jieba 中如果需要标点符号也会自动分隔。

基于 jieba 分词的方法也很容易统计词频，假设我们现在需要对一篇权利要求说明书的词频进行统计：

```
import jieba
import re
import collections
s = '''
```

一种供能系统，其特征在于，包括：电能供应单元，以及分别与所述电能供应单元连接以为所述电能供应单元充电的风能单元、光能单元、惯能单元和刹车能单元；

1 所述电能供应单元包括电池组，电池组用于与汽车的电动机连接；所述风能单元包括风能发电机；所述光能单元包括光能发电板；所述惯能单元包括惯能发电机，所述惯能发电机与汽车的电动机主轴连接；所述刹车能单元包括刹车能发电机，所述刹车能发电机与汽车的后轮轴连接。

2 根据权利要求 1 所述的供能系统，其特征在于，所述电池组包括第一电池组和第二电池组，所述第一电池组和所述第二电池组均分别与所述风能单元、所述光能单元、所述惯能单元和所述刹车能单元连接。

3 根据权利要求 1 所述的供能系统，其特征在于，所述光能发电板为胶体薄膜式太阳能发电板。

4 根据权利要求 1 所述的供能系统，其特征在于，所述刹车能发电机包括驱动机构、定子和转子，所述转子用于与汽车的后轮转动连接，所述定子用于套设于后轮轴上，所述定子与驱动机构连接，用于驱动所述定子向靠近或远离所述转子的方向运动。

5 根据权利要求 1 所述的供能系统，其特征在于，所述刹车能发电机为永磁发电机，所述惯能发电机为无铁多线圈发电机。

6 根据权利要求 1-5 任一项所述的供能系统，其特征在于，还包括储能装置，所述风能单元、所述光能单元、所述惯能单元和所述刹车能单元均与所述储能装置连接，并通过所述储能装置为所述电能供应单元充电。

7 一种新能源汽车，其特征在于，包括车体，所述车体安装有如权利要求1-6任一项所述的供能系统。

8 根据权利要求7所述的新能源汽车,其特征在于,所述供能系统中的光能发电板贴覆于所述车体的电动机罩顶面,车身顶面,以及后备箱盖顶面。

9 根据权利要求7所述的新能源汽车,其特征在于,所述风能发电机安装于所述车体的前部进风口处。

10 根据权利要求7所述的新能源汽车,其特征在于,所述刹车能发电机的数量为两个,两个所述刹车能发电机分别与所述车体的两个后轮对应连接。

'''

```
s = re.sub('[,:;、。\n的]', '', s)
mylist = jieba.cut(s)
worddict = {}
for word in mylist:
    worddict[word] = worddict.get(word, 0) + 1   #通过字典结构依次统计每一个词的词频
sortdict = collections.Counter(worddict)
print('出现最多的十个词是', sortdict.most_common(10))
```

在上例中变量 s 中存放的是一篇专利的权利要求说明书,如果需要对更长的内容进行词频统计,也可以采用文件读取的方法,如 file = open (filepath, encoding),注意文件读入的时候,路径可以用相对路径也可以用绝对路径,encoding 编码方式一定要跟文件原始的编码方式一致。使用 re.sub 的方法可以替换文中的不必要内容,通常称为文本去噪,上例中过滤的内容[,:;、。\n的]分别代表逗号、冒号、分号、顿号、句号、回车、的。如果需要去掉其他无关词语或标点,可以在[ ]中继续添加内容即可。通过 for word in mylist:worddict[word] = worddict.get(word, 0) + 1 语句对分词之后的列表元素进行词频统计,dict.get(word, 0) 该方法的含义是当 word 在 dict 的键中时,返回该 word 对应的键,如果 word 不在 dict 键中的

时候，返回默认值 0。当词频统计完成后，字典是无序的，通过 collections.Counter 类可以将字典按照词的频率从大到小进行排列，通过 collections.Counter.most_common(10) 可以返回前 10 个高频词。最终该程序的运行结果如下所示：

```
= RESTART: C:/Users/Administrator/AppData/Local/Programs/Python/Python38/fenci.py
Building prefixdict from the default dictionary ...
Loading model from cache C:\Users\ADMINI~1\AppData\Local\Temp\jieba.cache
Loading model cost 0.824 seconds.
Prefixdict has been built successfully.
```

出现最多的十个词是 [('所述', 49), ('单元', 21), ('能', 16), ('发电机', 13), ('其', 10), ('特征', 10), ('在于', 10), ('包括', 10), ('刹车', 10), ('与', 9)]

4.4.2 词云分析

词云是一种常见的文本分析方法，它将文本转换为一种可视化的词云方式，将出现频率较高的"关键词"在视觉上突出呈现，形成关键词的渲染，并形成类似云一样的彩色图片，从而一眼就可以领略文本数据的主要表达意思。

使用词云进行文本分析的第三方库是 wordcloud、matplotlib 和 scipy，其中 wordcloud 可以通过命令 pip install wordcloud 安装，如果需要手动下载，其网址为 http://www.lfd.uci.edu/~gohlke/Pythonlibs/#wordcloud。如图 4.12 所示，wordcloud 有很多下载版本，其中 cp38 分别表示 python3.8 版本。

下面以一篇文档为例，介绍词云的形成方式。示例代码如下：

```
#wordcloud 模块用于生成词云图
fromwordcloud import WordCloud,ImageColorGenerator
```

Wordcloud: a little word cloud generator.
wordcloud-1.8.1-pp37-pypy37_pp73-win32.whl
wordcloud-1.8.1-cp39-cp39-win_amd64.whl
wordcloud-1.8.1-cp39-cp39-win32.whl
wordcloud-1.8.1-cp38-cp38-win_amd64.whl
wordcloud-1.8.1-cp38-cp38-win32.whl
wordcloud-1.8.1-cp37-cp37m-win_amd64.whl
wordcloud-1.8.1-cp37-cp37m-win32.whl
wordcloud-1.8.1-cp36-cp36m-win_amd64.whl
wordcloud-1.8.1-cp36-cp36m-win32.whl
wordcloud-1.6.0-cp35-cp35m-win_amd64.whl
wordcloud-1.6.0-cp35-cp35m-win32.whl
wordcloud-1.6.0-cp27-cp27m-win_amd64.whl
wordcloud-1.6.0-cp27-cp27m-win32.whl
wordcloud-1.5.0-cp34-cp34m-win_amd64.whl
wordcloud-1.5.0-cp34-cp34m-win32.whl

图 4.12 wordcloud 的下载版本

```
#matplotlib 是一个 Python 的第三方库,里面的 pyplot 可以用来作图
importjieba
importmatplotlib.pyplot as plt
#scipy 用于处理图像文件,imread()返回 ndarray 对象,即 numpy 下的多维数组对象
#fromscipy import
fromimageio import imread
% matplotlib inline
text ='''一种供能系统,其特征在于,包括:电能供应单元,以及分别与所述电能供应单元连接以为所述电能供应单元充电的风能单元、光能单元、惯能单元和刹车能单元;
1 所述电能供应单元包括电池组,电池组用于与汽车的电动机连接;所述风能单元包括风能发电机;所述光能单元包括光能发电板;所述惯能单元包括惯能发电机,所述惯能发电机与汽车的电动机主轴连接;所述刹
```

车能单元包括刹车能发电机,所述刹车能发电机与汽车的后轮轴连接。

2 根据权利要求1所述的供能系统,其特征在于,所述电池组包括第一电池组和第二电池组,所述第一电池组和所述第二电池组均分别与所述风能单元、所述光能单元、所述惯能单元和所述刹车能单元连接。

3 根据权利要求1所述的供能系统,其特征在于,所述光能发电板为胶体薄膜式太阳能发电板。

4 根据权利要求1所述的供能系统,其特征在于,所述刹车能发电机包括驱动机构、定子和转子,所述转子用于与汽车的后轮转动连接,所述定子用于套设于后轮轴上,所述定子与驱动机构连接,用于驱动所述定子向靠近或远离所述转子的方向运动。

5 根据权利要求1所述的供能系统,其特征在于,所述刹车能发电机为永磁发电机,所述惯能发电机为无铁多线圈发电机。

6 根据权利要求1-5任一项所述的供能系统,其特征在于,还包括储能装置,所述风能单元、所述光能单元、所述惯能单元和所述刹车能单元均与所述储能装置连接,并通过所述储能装置为所述电能供应单元充电。

7 一种新能源汽车,其特征在于,包括车体,所述车体安装有如权利要求1-6任一项所述的供能系统。

8 根据权利要求7所述的新能源汽车,其特征在于,所述供能系统中的光能发电板贴覆于所述车体的电动机罩顶面,车身顶面,以及后备箱盖顶面。

9 根据权利要求7所述的新能源汽车,其特征在于,所述风能发电机安装于所述车体的前部进风口处。

10 根据权利要求7所述的新能源汽车,其特征在于,所述刹车能发电机的数量为两个,两个所述刹车能发电机分别与所述车体的两个后轮对应连接。'''

```
mlist=[]
words=jieba.lcut(text)
```

```
for word in words:
    if(len(word)>1):
        mlist.append(word)
content=' '.join(mlist)
#读入背景图片
bg_pic=imread('work/car1.png')
#生成词云图片
wordcloud = WordCloud(mask=bg_pic,background_color=
'white',font_path='work/msyh.ttc',scale=1.5).generate
(content)
''' 参数说明：
mask:设置背景图片   background_color:设置背景颜色
scale:按照比例进行放大画布,此处指长和宽都是原来画布的1.5倍
generate(text):根据文本生成词云 '''
#产生背景图片,基于彩色图像的颜色生成器
image_colors=ImageColorGenerator(bg_pic)
#绘制词云图片
plt.imshow(wordcloud)
#显示图片时不显示坐标尺寸
plt.axis('off')
#显示词云图片
plt.show()
#保存图片
wordcloud.to_file('新能源专利词云.jpg')
```

在该示例中，text 为一篇专利权利要求说明书的内容，如果需要读入更多内容，也可以将该内容加入、粘贴到一个文件中，之后用 open 方法打开文件，用 read 方法读入文件内容即可，work/car1.png 为词云的背景图片路径，生成图片文件为新能源专利词云.jpg。在对文本去噪的方面，上例

采用了一个简单的方法，即将分词后长度为 1 的词或者标点都去掉，如下所示：

    mlist=[]#定义一个新的列表用于存放长度大于 2 的词
    for word in words:
        if(len(word)>1):#词的长度大于 1 才放入列表中
            mlist.append(word)
    content=' '.join(mlist)#用空格将列表连接起来

最终我们将一篇专利权利要求说明书和背景图片，转化为一个以关键字为元素，以汽车为形状的图片。生成结果如图 4.13 所示。

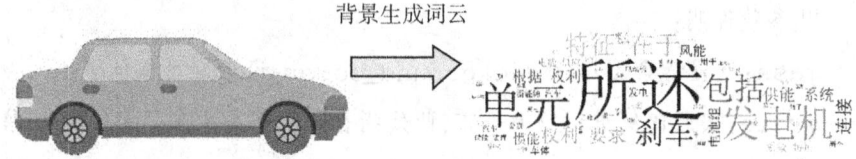

图 4.13　生成词云图的结果

第 5 章
基于 Python 的专利数据采集

Python 是一种面向对象的解释型计算机程序设计语言,由荷兰人 Guido van Rossum 于 1989 年发明,1991 年第一个公开发行版发行。Python 是一种高级程序设计语言,语法极其简单易懂,非常容易上手,因此 Python 成了全球增长最快的主流编程语言。根据 IEEE 发布的《2018 年最热门的编程语言》(2018 *List of Top Programming Languages*),Python 在整体排名中位居榜首,是一种效率极高的语言,相比于其他语言,使用 python 编写时,程序包含的代码更少,编写的程序更加易于阅读、调试和扩展。Python 也是一种免费开源的编程语言,任何人可以自由地发布这个软件的拷贝、阅读它的源代码、对它做改进等。由于它的开源本质,Python 已经被移植在许多平台上,所有 Python 程序无需修改就可以在下述任何平台上面运行,如 Linux、Windows、Macintosh 等。

如果要用 Python 进行网络数据获取,那么就需要使用第三函数库如 requests、beautifulSoup、Xpath 等,如果要使用 Python 进行数据分析及展示,则需要用到第三方函数库如 numpy、pandas、matplotlib、scipy 等。函数库也可以称为模块或包。

使用 import 导入并使用 Python 标准库的方法,除标准库外的第三方函数库都需要另行安装后才能使用,一般使用 pip 工具来安装第三方库。本章将介绍安装并使用第三方库的方法,Python 网络数据的获取方法(也称为 Python 网络爬虫)的相关技术。

利用 Python 语言进行网页爬取一般包括如下三个步骤:

(1)准备工作,准备好待获取数据的网址,安装所需的第三方库。

(2)通过网址获取网页的全部内容。这一步需要通过函数库 requests。

(3)对获取的网页内容进行解析，找出所需要的数据并保存下来。这一步需要通过函数库 beautifulSoup4 或者 XPath 的相关技术。

5.1 Python 第三方 requests 库的安装

下面通过 pip 工具来安装 requests 库。如果需要安装其他包，请把 requests 替换为想要安装的库名即可。

在 cmd.exe 的命令窗口输入 pip 命令，得到如图 5.1 所示的 pip 命令用法说明，说明 pip 命令可以正常使用。

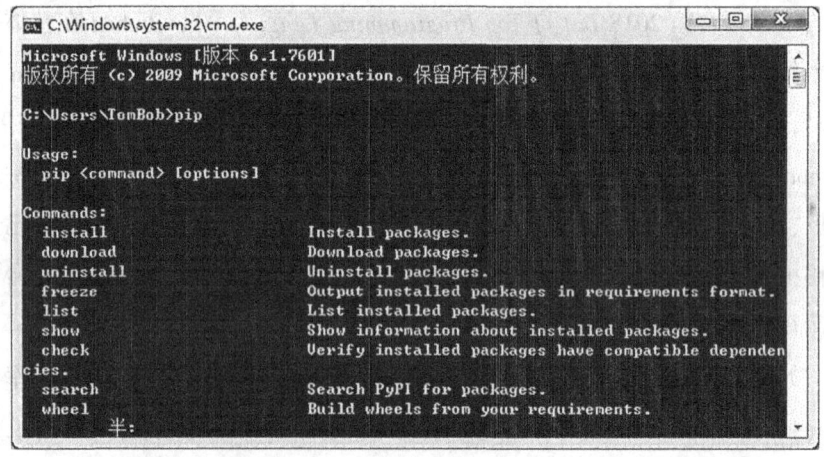

图 5.1 pip 命令用法说明

如果出现提示"'pip'不是内部或外部命令，也不是可运行的程序"错误信息，则说明 Python 环境变量设置好，这时需要进入 Python 的安装目录，例如 C：\ Users \ cx \ AppData \ Local \ Programs \ Python \ Python36 \ Scripts，复制该路径，如图 5.2 所示。

使用 pip 在 cmd.exe 命令窗口安装 requests 库的命令为：pip install requests，执行该命令后的系统将自动安装完成，如图 5.3 所示。注意，安

5.1 Python 第三方 requests 库的安装

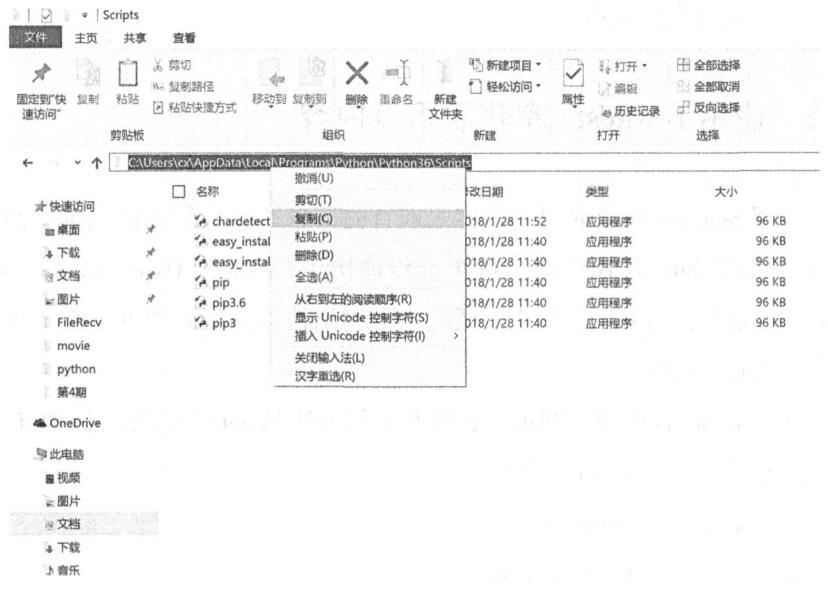

图 5.2 复制 Python 路径

装过程中需要电脑是联网状态，可以上网下载数据。

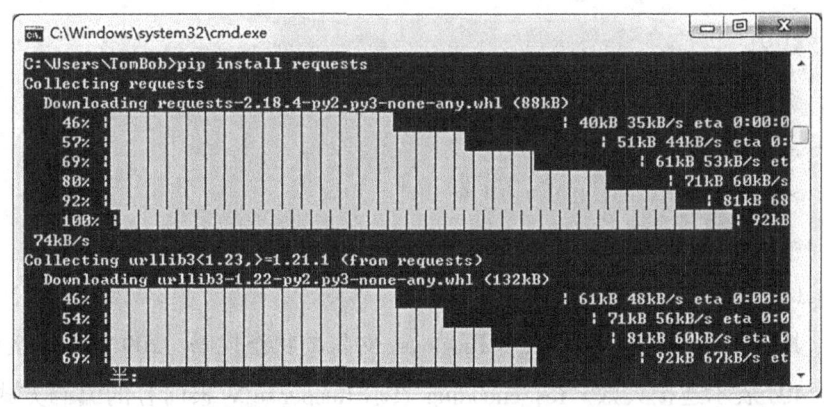

图 5.3 用 pip 安装 requests 过程

采用同样的方法安装 beautifulSoup4、XPath 等第三方库，命令为：pip

install beautifulSoup4。安装完成后出现"Successfully installed beautifulSoup4 - 4.6.0",表示安装成功。

5.2 使用 requests 库获取网页内容

使用 requests 库获取网页内容之前首先准备待获取数据的网址,网址 url 必须采用 http 方式访问。超文本传输协议(HTTP,HyperText Transfer Protocol)是互联网上应用最为广泛的一种网络协议。所有的 WWW 文件都必须遵守这个标准。

使用 requests 库获取网页内容最基本的方法是 get( )请求,在 IDLE 交互式请求对话框中输入以下内容:

>>> import requests

>>> url = "http://www.baidu.cn"

>>> res = requests.get(url)

即可以得到一个 Response 对象,并将它保存在 res 变量中,可以通过 res 变量来查看 Response 对象的属性,代码如下:

>>> res.status_code

200

>>> res.encoding

'ISO-8859-1'

>>> res.encoding = 'utf-8'

>>> res.text

(此处省略了大段的网页源码)

其中,res.status_code 表示 Response 对象的状态代码,200 表示连接成功,404 表示连接失败。res.encoding 表示 Response 对象内容的编码方式,通过将原来的 'ISO-8859-1' 编码方式修改为 'utf-8' 编码方式,可以方便处理中文字符。res.text 用来显示通过 get 方法获取到的网页内容。

Requests 库最常用的就是 get( )方法,它的一些其他的基本方法如表

5.1 所示。

表 5.1　　　　　　　　**Requests 库的基本方法说明**

方法	说明
requests.get( )	获取 HTML 网页的主要方法，对应于 HTTP 的 GET 方式
requests.head( )	获取 HTML 网页头信息的方法，对应于 HTTP 的 HEAD 方式
requests.put( )	向 HTML 网页提交 PUT 请求的方法，对应于 HTTP 的 PUT 方式
requests.post( )	向 HTML 网页提交 POST 请求的方法，对应于 HTTP 的 POST 方式
requests.delete( )	向 HTML 网页提交 DELETE 请求的方法

在 requests.get( ) 中，我们可以通过 timeout 属性设置超时时间，一旦超过这个时间还没获得响应内容，就会提示错误，如以下代码所示：

```
>>> requests.get("http://www.zuel.edu.cn")
<Response [200]>
>>> requests.get("http://www.zuel.edu.cn",timeout = 0.001)
Traceback (most recent call last):……
( Caused by ConnectTimeoutError ( < urllib3.connection.HTTPConnection object at 0x00000000039AEA90 >), 'Connection to www.zuel.edu.cn timed out.(connect timeout =0.001)')
```

requests.get( ) 返回的 Response 对象，也有一些常用的属性来表征请求响应后的结果，如果将返回的 Response 对象保存为 res 变量，则常用属性使用及说明如表 5.2 所示。

表 5.2　　　　　　　　　　Response 对象的常用属性

属性	说　　明
res. status_code	HTTP 请求的返回状态代码，200 表示连接成功，404 表示连接失败
res. text	url 对应的网页内容
res. encoding	HTTP 响应内容的编码方式
res. content	HTTP 响应内容的二进制形式
res. json( )	Requests 中内置的 JSON 解码器
res. raise_for_status( )	失败请求（非 200 响应）抛出异常

其中，res. text 是我们需要进一步来进行解析的内容，如图 5.4 所示的内容为百度的网页 HTML 源代码。

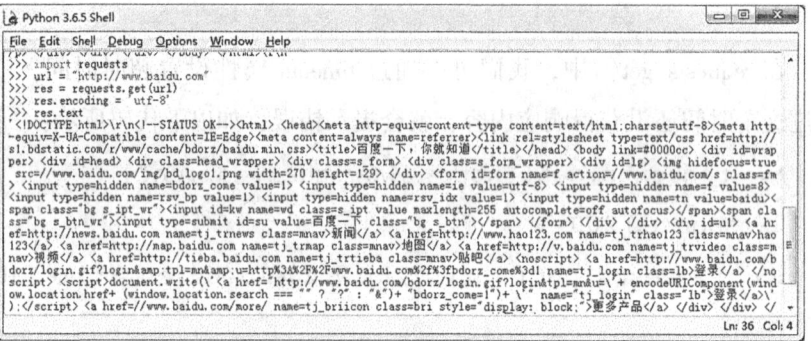

图 5.4　通过 res. text 获得百度网页的 HTML 源代码

5.3　网页源码 HTML 语言简介

要从图 5.4 所示的网页中提取有用的数据，首先要了解一下 HTML 语言的构成。HTML 语言即超文本标记语言（Hyper Text Markup Language），是通过一套标记标签（markup tag）来描述网页的一种语言。HTML 源代码由

HTML 标签和文本内容构成。HTML 文档也叫作 Web 页面。

(1) HTML 标签。

HTML 标记标签通常被称为 HTML 标签（HTML tag）。HTML 标签是由尖括号包围的关键词，比如 <html>。HTML 标签通常是成对出现的，比如 <b> 和 </b>。标签对中的第一个标签是开始标签，第二个标签是结束标签。开始和结束标签也被称为开放标签和闭合标签。例如：<标签>内容</标签>。

(2) Web 浏览器。

Web 浏览器（如谷歌浏览器 Chrome，Internet Explorer，Firefox，Safari）是用于读取 HTML 文件，并将其作为网页显示。浏览器并不是直接显示的 HTML 标签，是基于标签来决定如何展现 HTML 页面的内容给用户，图 5.5 为一个 Chrome 浏览器基于 HTML 标签展示给页面形式。

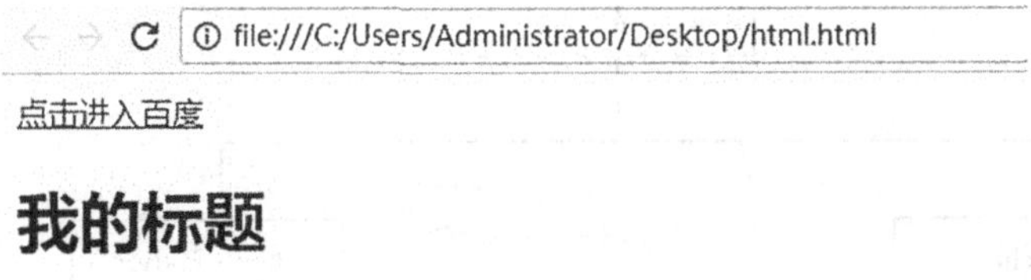

图 5.5 Chrome 浏览器解析后的 HTML 标签

浏览器也可以查看该网页的 HTML 源码，图 5.6 为图 5.5 网页的 HTML 源码。

这段 HTML 代码可以转化为一棵 HTML 树，该树也被称为 DOM 树，它是 HTMLDocument Object Model（文档对象模型）的缩写，HTML DOM 则是专门适用于 HTML 的文档对象模型，它是一种层次模型。DOM 将网页中的各个元素都看作一个个对象，对象处于某个层次中，从而使网页中的元素也可以被计算机语言获取或者编辑。DOM 是以层次结构组织的节点或信息片段的集合，HTML DOM 把 HTML 文档呈现为带有元素、属性和文本的

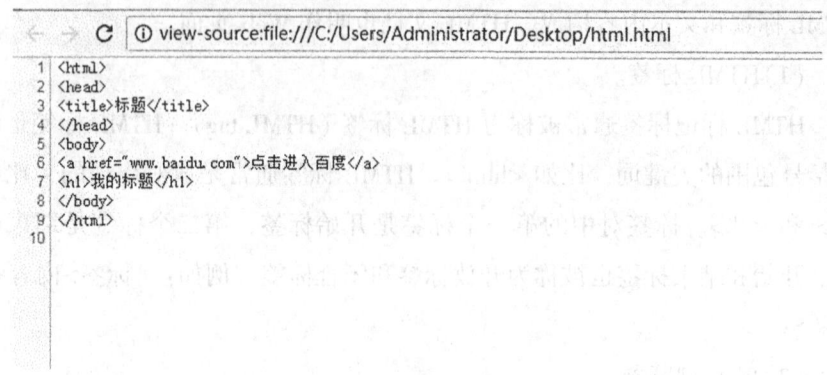

图 5.6　通过浏览器查看 HTML 源码

树结构(节点树)。这个层次结构允许开发人员在树中导航寻找特定信息。图 5.7 为图 5.6 中 HTML 源码对应的 DOM 树。

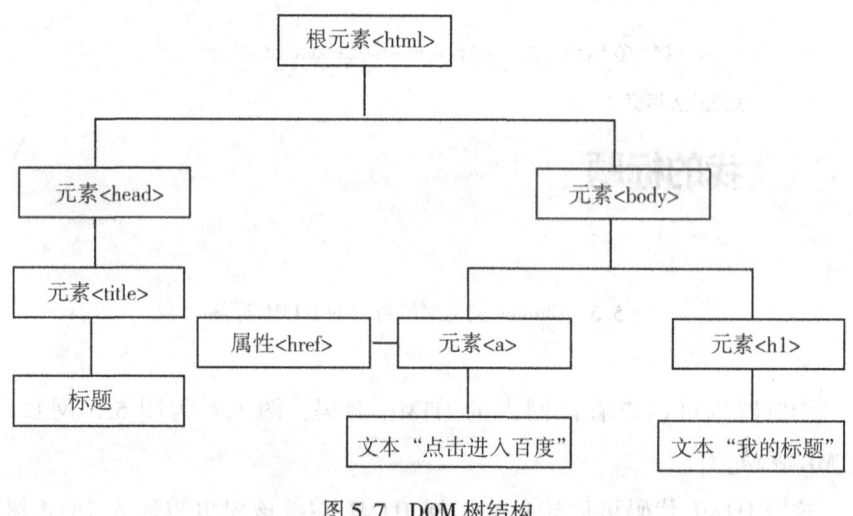

图 5.7　DOM 树结构

5.4　BeautifulSoup 使用基础

第三方库 BeautifulSoup 是一个解析和处理 HTML 内容的库,需要先安装再使用。它最大的优点是能够根据 HTML 语法建立解析树，进而高效解析其中的内容。在 IDLE 交互式窗口使用 beautifulsoup 库的代码如下所示：

```
>>> import requests
>>> import bs4
>>> res = requests.get("http://www.baidu.com")
>>> res.encoding = "utf-8"
>>> bs = bs4.BeautifulSoup(res.text,"html.parser")
>>> type(bs)
<class 'bs4.BeautifulSoup'>
```

注意，这里导入 BeautifulSoup 的代码为："import bs4"，而将 Response 对象返回的网页源代码 res.text 通过 "htmlParser" 解析的代码为 "bs = bs4.BeautifulSoup(res.text,"html.parser")"，通过 type() 函数返回的是一个 BeautifulSoup 对象。前面我们已经了解到 HTML 网页由标签和内容构成，BeautifulSoup4 将 HTML 源代码的格式解析部分封装，通过获得的 bs 访问 BeautifulSoup 对象的常用属性及说明如表 5.3 所示。

表 5.3　　　　BeautifulSoup 对象的常用属性及说明

属性	描述
bs.head	HTML 页面的表头标签<head>内容
bs.title	HTML 页面的页面标题标签<title>内容
bs.body	HTML 页面的<body>标签内容
bs.p	HTML 页面的段落标签<p>内容
bs.strings	HTML 页面所有的文本内容
bs.a	HTML 页面链接标签<a>内容

通过表 5.3 可以发现，BeautifulSoup 对象的属性与 HTML 的标签名称基本相同，例如，head 属性对应于 HTML 的<head>标签内容，p 属性对应于 HTML 的<p>标签内容。表 5.3 中没有列出来的其他的属性也可以根据

HTML 语法标签来调用。

在 IDLE 交互式窗口查看此时 bs 属性值的代码如下所示：

\>>> bs.title

\<title\>百度一下,你就知道\</title\>

\>>> bs.p

\<p id="lh"\> \<a href="http://home.baidu.com"\>关于百度\</a\> \<a href="http://ir.baidu.com"\>About Baidu\</a\> \</p\>

\>>> bs.a

\<a class="mnav" href="http://news.baidu.com" name="tj_trnews"\>新闻\</a\>

BeautifulSoup 对象的属性与 HTML 的标签名称基本相同，而标签还可以包含属性信息，常用的标签属性信息包括 name、string，name 表示标签的名字，string 表示标签所包围的文本。表 5.4 是查看 bs.a 的 name 属性和 string 属性的方法和说明。其他的标签也都有这样的属性，例如也可以使用 bs.p.name，bs.p.string 等。

表 5.4　　　　　　　查看标签属性的方法及说明

属性	描述
bs.a.name	表示\<a\>标签的名字，即字符串 'a'
bs.a.attrs	表示\<a\>标签中所有属性信息的字典
bs.a.string	表示\<a\>标签中显示的文字，字符串类型
bs.a.contents	表示\<a\>标签中显示的内容，列表类型

在 IDLE 交互式窗口查看此时 bs.a 属性值的代码如下所示：

\>>> bs.a.name

'a'

\>>> bs.a.attrs

{'href': 'http://news.baidu.com', 'name': 'tj _ trnews',

'class':['mnav']}

```
>>> bs.a.contents
```
['新闻']
```
>>> bs.a.string
```
'新闻'

通过调用属性信息,一般只能找到一个标签,比如上面百度网页的 a 标签和 p 标签,当我们需要在网页中精准地找出所有相关的信息时,需要用到 find_all() 方法,该方法是最常用的搜索工具,可以根据参数给出的条件找到所有的标签,使用方式为:bs.find_all(name, attrs, recursive, string, limit)。

其中,常用的参数 name 表示标签名称的搜索参数,例如 bs.find_all('a') 返回所有的 <a> 标签。参数 attrs 表示标签属性的搜索参数,例如 bs.find_all('a', {"name":"tj_login"}) 表示返回 "name" 属性值为 "tj_login" 的那个 <a> 标签。

例如下面给出一个简单的 html 页面的例子,通过使用 bs4 对象的属性和方法来查看并获取网页中的数据。

①首先读取 simple.html 的内容,并打印出来。

```
>>> txt = open("D:/simple.html").read()
>>> print(txt)
<html>
    <head>
    <title>这是一个简单的爬虫测试网页</title>
    </head>
    <body>
    <a href="www.baidu.com">点击进入百度!</a>
        <p id="env_motto">成就绿色,<b>成就未来!</b></p>
    <p id="school_motto">博文明理,<b>厚德济世!</b></p>
    <a href="www.zuel.edu.cn">点击进入中南财经政法大学!
```

```
</a>
    </body>
</html>
```

②然后将 HTML 网页内容 txt 通过 bs4 来解析。

```
>>> import bs4
>>> bs = bs4.BeautifulSoup(txt,"html.parser")
```

③通过 bs.title 查看网页的标题信息，即<title>标签和其属性信息。

```
>>> bs.title
<title>这是一个简单的爬虫测试网页</title>
>>> bs.title.string
'这是一个简单的爬虫测试网页'
```

④通过 bs.p 查看第一个<p>标签的信息，以及标签中的各属性信息。

```
>>> bs.p
<p id="env_motto">成就绿色,<b>成就未来！</b></p>
>>> bs.p.contents
['成就绿色,', <b>成就未来！</b>]
>>> bs.p.contents[0]
'成就绿色,'
```

⑤通过 bs.a 查看第一个<a>标签的信息，以及标签中的各属性信息。

```
>>> bs.a
<a href="www.baidu.com">点击进入百度！</a>
>>> bs.a.string
'点击进入百度！'
>>> bs.a.contents
['点击进入百度！']
>>> bs.a.name
'a'
>>> bs.a.attrs
```

{'href': 'www.baidu.com'}

⑥通过 bs.find_all('p')查找所有的<p>标签信息,并查看相关内容。

>>> bs.find_all('p')

[<p id="env_motto">成就绿色,<b>成就未来! </b></p>, <p id="school_motto">博文明理,<b>厚德济世! </b></p>]

⑦通过 bs.find_all('p')查找所有的<p>标签信息,并查看相关内容。

>>> bs.find_all('a')

[<a href="www.baidu.com">点击进入百度! </a>, <a href="www.zuel.edu.cn">点击进入中南财经政法大学! </a>]

⑧获取所有的 id="school_motto" 的标签信息。

>>> bs.find_all('p',{'id':'school_motto'})

[<p id="school_motto">博文明理,<b>厚德济世! </b></p>]

⑨获取该简单网页中所有中文文字。要获取所有的中文文字,首先要分析网页代码,找到所有包含中文文字的网页代码,得到的结果代码如下:

```
import bs4
txt = open("D:/simple.html").read()
bs = bs4.BeautifulSoup(txt,"html.parser")


result = []                          #用来放置中文字符的结果列表
result.append(bs.title.string)#将<title>标签中的中文字符加入结果列表


#下面将段落<p>标签里面的中文字符加入结果列表
lists = bs.find_all('p')    #得到一个长度为 2 的<p>标签的列表
for ls in lists:
    result.append(ls.contents[0])     #加入包含在<p>标签
```

的中文字符

```
result.append(ls.b.contents[0])  #加入包含在<b>标签
```
的中文字符

```
print(result)    #打印结果
```

5.5　基于 BeautifulSoup 的专利信息抽取实现

对于 BeautifulSoup 的专利信息抽取将基于 patenthub 网站，patenthub 拥有权威的大数据支撑，覆盖范围包括：中国、美国、欧盟、日本、韩国、WIPO、DOCDB 等，汇集全球 105 个国家/地区的 1 亿多条专利文献；每周 3~4 次数据同步，数据来源于官方平台及权威的商业数据库，保障信息精准度，其主页如图 5.8 所示。

图 5.8　专利汇检索主页

用户需要点击右侧的注册来申请账号，进行检索，其账号申请界面如图 5.9 所示。

5.5 基于BeautifulSoup的专利信息抽取实现

图 5.9 专利汇用户注册界面

在注册完用户名和密码后,就可以采用下面代码进行爬取专利信息了。在yourAccount 和 yourPassword 里面替换自己的用户名就可以了。

```
#-*_coding:utf8-*-
import requests
import re
from bs4 import BeautifulSoup


class spider(object):
    def __init__(self):
        print('开始爬取内容。。。')
    #模仿网页用户登录
    def login(self):
        #登录所需要的url
        url = 'https://www.patenthub.cn/user/login.json'
        #获取登录所需要的参数,可以打开调试器,查看账号和密码表单中的
```

121

name 值

```
    datas = {
        "account":"yourAccount",
        "password":"yourPassword",
        " redirect_to": " https://www.patenthub.cn/s? p =
1&q2 =&q =%E6%99%BA%E8%83%BD%E8%8A%AF%E7%89%87&ps
=10&s=score%21&dm=mix&m=none&fc=%5B%7B%22type%22%
3A%22type%22%2C%22op%22%3A%22include%22%2C%
22values%22%3A%5B%22CN_%E5%8F%91E6%98%8E%E5%85%
AC%E5%BC%80%22%5D%7D%2C%7B%22type%22%3A%
22inventor%22%2C%22op%22%3A%22include%22%2C%
22values%22%3A%5B%22E9%99%86%E8%88%9F%22%5D%
7D%5D&ds=cn",
        "sso":""
        }
```

#模仿浏览器访问页面请求头设置
通过抓包或 chrome 开发者工具分析得到登录的请求头信息,
```
    headers = {
        'Referer': 'https://www.patenthub.cn/user/login',
        'User-Agent': 'Mozilla/5.0 (Windows NT 6.1; WOW64)
AppleWebKit/537.36 '
                     '(KHTML, like Gecko) Chrome/
52.0.2743.82 Safari/537.36',
        'Accept': 'application/json, text/javascript, */*;
q=0.01',
        'Accept-Language': 'zh-CN,zh;q=0.8',
        }
```

#创建 session 对象。这个对象会保存所有的登录会话请求。

```
sessions = requests.session()
#发送一个 post 登录请求,开始登录
response = sessions.post(url, headers=headers, data=datas)
#打印请求结果状态
print(response.status_code)
#返回 session 所存储的会话内容
return sessions

#changepage 用来生产不同页数的链接
    def changepage(self,url,total_page):
        #查找当前 url 所指向的页数,re.search 是匹配并提取第一个符合规则的内容
        now_page = int(re.search('p=(\d+)',url,re.S).group(1))
        print(total_page)
        page_group =[]
        #根据指向当前页数和总页数,生产相应链接,达到换页效果
        for i in range(now_page,total_page+1):
            #re.sub 是将字符串中满足一定正则式内容替换
            link = re.sub('p=\d+','p=%s'% i,url,re.S)
            page_group.append(link)
            #print(link)
        return page_group

#getsource 用来获取网页源代码
    def getsource(self,query_url,sessions):
        #利用登录后 session 访问目标 url 内容
```

```python
        score_response = sessions.get(query_url)
        #得到响应网页的源码content
        content = score_response.content
        return content
```

#geteverypatent 用来抓取每个专利块的信息
```python
    def geteverypatent(self,source):
        #利用 BeautifulSoup 对刚刚抓取的网页源码进行解析,
'html.parser' 为 BeautifulSoup 其中一种 HTML 解析器
        soup = BeautifulSoup(source,'html.parser')
        #查找出源码中所有符合规则的内容,规则需要自己到源码中进行查找,返回的是一个正则表达式对象
        target = soup.findAll ('ul', {'data - role':{'patent'}})
        return target
```

#getinfo 用来从每个专利块中提取出我们需要的信息
```python
    def getinfo(self,eachpatent):
        info = {}
        info['title'] = eachpatent.findAll('span',{'data-property':{'title'}})[0].string
        #lstrip()方法用于截掉字符串左边的空格。
        info['abstract'] = eachpatent.findAll('span',{'data-property':{'summary'}})[0].string.lstrip()
        return info
```

#saveinfo 用来保存结果到 info.txt 文件中
```python
    def saveinfo(self,info):
```

```python
    #打开目标存储文件
    f = open('info.txt','a')
    #将获取的专利信息写入文件中
    for each in info:
        f.writelines('title:' + each['title'] + '\n')
        f.writelines('abstract:   ' + each['abstract'] + '\n')
        f.writelines('\n')
    f.close()

if __name__ == '__main__':

    patentinfo = []
    #网页url,满足一定规则,
    url = 'https://www.patenthub.cn/s?p=1&q2=&q=ipc%3AF01&ps=10&s=score%21&dm=mix&m=none&fc=%5B%7B%22type%22%3A%22inventor%22%2C%22op%22%3A%22include%22%2C%22values%22%3A%5B%22E8%82%96%E4%BA%A8%E7%90%B3%22%5D%7D%5D&ds=cn'
    #申明一个爬虫对象
    patentspider = spider()
    #模仿登录
    sessions=patentspider.login()
    #获得所有要访问页面的url
    all_links = patentspider.changepage(url,6)
    for link in all_links:
        print('正在处理页面:' + link)
        #获取页面的源码
```

```
        content = patentspider.getsource(link, ses-
sions)
        #查找源码中我们所需要的所有大的信息块(先抓大的后抓
小)
        everypatent = patentspider.geteverypatent
(content)
        #针对每个信息块,获得我们所需要的具体信息
        for each in everypatent:
            info = patentspider.getinfo(each)
            patentinfo.append(info)
    #将信息写入到文件中保存
    patentspider.saveinfo(patentinfo)
```

其运行结果如图 5.10 所示。

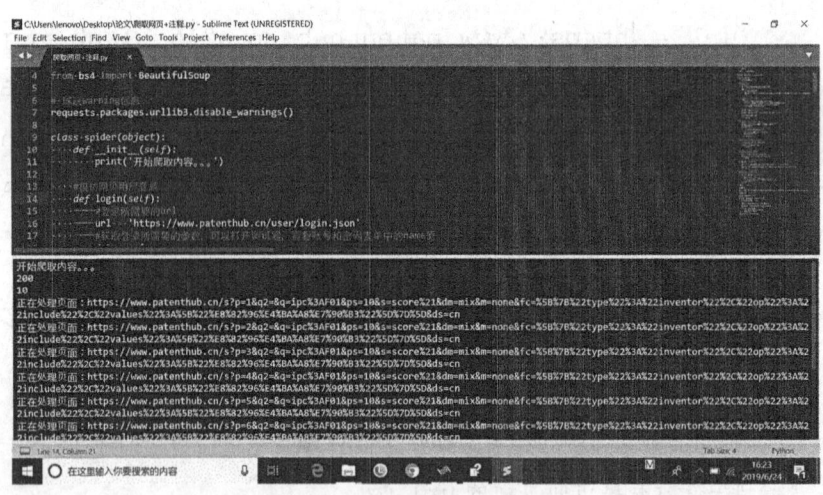

图 5.10 爬虫运行截图

生成的 Txt 文件如图 5.11 所示。

5.6 基于XPath的专利信息抽取实现

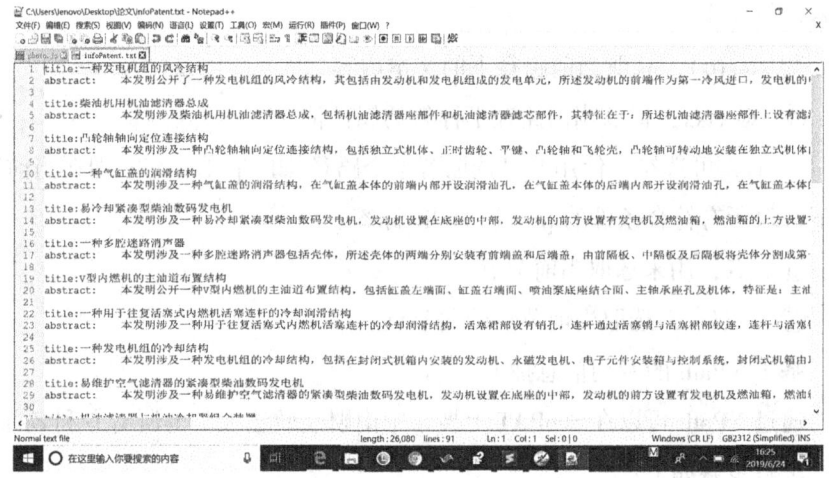

图5.11 爬虫爬取专利信息生成文件的截图

5.6 基于XPath的专利信息抽取实现

XPath是XML Path Language的缩写,它是一种小型的查询语言,它一方面可以在HTML中查找信息,还可以通过元素和属性进行导航。

Python开发使用XPath之前需要安装使用lxml库,使用pip在cmd.exe命令窗口安装lxml库的命令为：pip install lxml,执行该命令后系统将自动安装完成。XPath的简单调用方法为：

from lxml import etree

selector=etree.HTML(源码)

selector.XPath(表达式)

这里的源码为网页的HTML源码,表达式为XPath语法规则,XPath主要有7种标签的使用方法：

① // 双斜杠,定位根节点,会对全文进行扫描,在文档中选取所有符合条件的内容,以列表的形式返回。

127

②/单斜杠,寻找当前标签路径的下一层路径标签或者对当前路标签内容进行操作。

③/text(),获取当前路径下的文本内容。

④/@xxxx,提取当前路径下标签的属性值。

⑤|,可选符,使用|可选取若干个路径 如//p | //div 即在当前路径下选取所有符合条件的 p 标签和 div 标签。

⑥.点,用来选取当前节点。

⑦..双点,选取当前节点的父节点。

基于 XPath 的专利信息抽取

通过 XPath 可以在 SooPAT 上搜索中南财经政法大学的所有专利名称。求解步骤如下:

①通过浏览器分析网页源码。网页部分源代码如下(需要注意的地方加粗表示):

<h2 class="PatentTypeBlock">

    <font size="-1">

    <input name="cb" value="7535211" type="checkbox" PatentId="7535211" SQH='201210308117' MC='煤层钻探风水联动雾化除尘、清洗装置' />[发明]</font> <a href='/Patent/201210308117' target='_blank'>**煤层钻探风水联动雾化除尘、清洗装置**-<font size="-1">201210308117.7</font></a>

<div class="stateico stateicovalid" onclick="openlegalwindow ('/Home/SipoLegal/201210308117');" style="cursor:pointer;">有权</div>

</h2>

我们需要提取专利名称"煤层钻探风水联动雾化除尘、清洗装置"这些文字内容。可以通过 Chrome 浏览器的 copy XPath 自动实现 XPath 的获取,如图 5.12 所示。

5.6 基于 XPath 的专利信息抽取实现

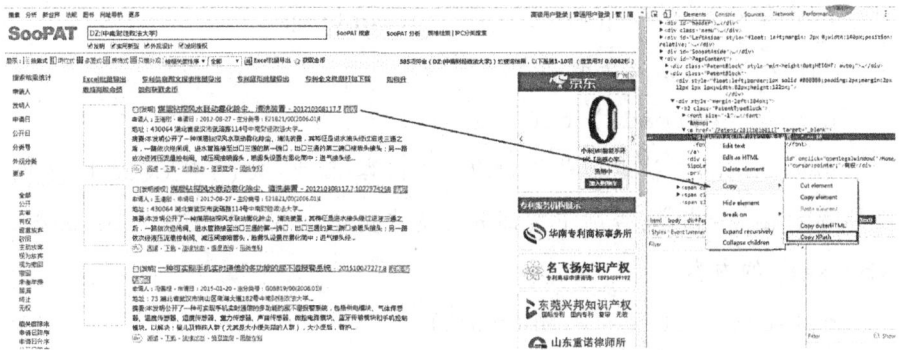

图 5.12　Chrome 浏览器的 copy XPath 的过程

得到标题的 XPath 为：

content=selector.xPath('//h2[@class="PatentTypeBlock"]/a/text()')

其中，"//h2"表示此处选择所有符合后面条件的<h2>标签"[@class="PatentTypeBlock"]"表示提取类 class 值为"PatentTypeBlock"的<h2>标签;"/a"表示查找上述符合条件的<h2>内的<a>标签。"/text()"表示获取当前路径下的文本内容。该程序的源码为：

import urllib.request

from lxml import etree

import openpyxl   #openpyxl 用于读写 Excel 文件

url = http://www.soopat.com/Home/Result? SearchWord = DZ%3A(%E4%B8%AD%E5%8D%97%E8%B4%A2%E7%BB%8F%E6%94%BF%E6%B3%95%E5%A4%A7%E5%AD%A6)%20&FMZL=Y&SYXX=Y&WGZL=Y&FMSQ=Y #soopat 搜索中南财经大学专利后的网址

headers = {'User-Agent':'Mozilla/5.0 (Windows NT 10.0; Win64; x64) AppleWebKit/537.36 (KHTML, like Gecko) Chrome/64.0.3282.186 Safari/537.36'}

restemp = urllib.request.Request(url,headers = headers)

```
#用 Request 类构建一个请求,增加了 headers 等一些信息
res=urllib.request.urlopen(restemp)
#urlopen 方法发送请求
html=res.read().decode()
#用 read()方法返回获取到的网页内容;而 read()要 decode 才能正常显示 html 内容,否则中文部分会变成类似" " \xe7 \x99 \xbe \xe5 \xba \xa6"的内容
selector=etree.HTML(html)
#lxml 库 etree 从获得的 html 页面中分析提取出所需要的数据,将源码转化为能被 XPath 匹配的格式
content = selector.XPath('//h2[@ class = "PatentType-Block"]/a/text()')
#使用 lxml 进行 excel 文件操作
wb = openpyxl.Workbook()
#得到一个 wb 对象,即我们要操作的工作簿文件的对象
ws = wb.active
#wb 对象创建后,默认含有一个默认的名为 Sheet 的页面,可以使用 active 来得到它
ws['A1'] = '专利名称'
#文件的"A1"单元格的内容为"专利名称"
#遍历得到的 content
for i in content:
    print(i[:-3]) #表示去掉字符串 i[]后面三个元素,因为后面三个元素为" - "
    ws.append([i[:-3]]) #使用 append()方法向工作表中按行追加数据
wb.save("name.xlsx")
#以"name.xlsx"文件名保存在当前目录下
```

5.6 基于 XPath 的专利信息抽取实现

这里 Python 操作 Excel 前，我们需要首先安装 openpyxl，该模块的安装方法就是在 cmd.exe 中输入命令 pip install openpyxl，使用前输入 import openpyxl，最终该程序可以把网页中的数据抽取出来得到下面 Excel 表格的形式，如图 5.13 所示。

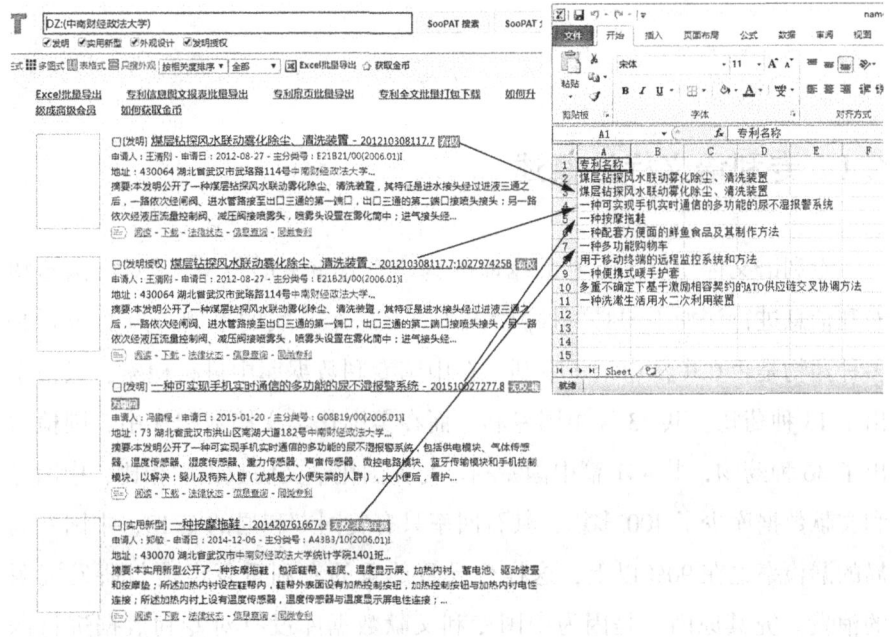

图 5.13　网页数据爬取为 Excel 文件

第 6 章
增量式专利语义标注

6.1 专利语义标注概述

专利语义标注对于专利数据库的构建有着重大的意义,《对中国药物专利信息进行深加工的必要性》给出了这么一个真实的事例：为了确定40多种药物是否在中国申请了专利，在中国专利数据库中进行检索，只检索出了13种药物，共43篇中国专利。而在美国化学文摘数据库中，则检索出了36种药物，共441篇中国专利。与美国化学文摘数据库相比，中国专利文献数据库少了400多篇，其召回率只有美国专利局的1/10，中国专利局的漏检率也在90%以上，这样会导致严重的专利重复申请与研发资源的浪费。究其原因，是因为中国专利文献数据库没有对专利数据进行深层次的加工和标引，为了检索到更全面的专利，我国不得不向国外机构或组织付出高额的检索费用，这从源头上减缓和阻碍了我国的知识创新进程。

专利标注是指将专利的特征信息抽取并标识出来。这些特征可以是专利所使用的技术、所具有的功能/功效、组成部分、关键词等。例如，在药物专利中，这些特征可以是药性、毒副作用、剂型等。专利的标引/标注对专利检索、分析与挖掘有着重要的意义，对专利数据的标引可以方便专利更精确与智能地检索，用户可以针对某个或某些特征设定检索词，提高检索的准确率和召回率；专利的标引可以将非结构化的专利文本转换为结构化的特征项，帮助建立专利之间的语义关联，是专利分析、挖掘的重要前提。

本章将研究一种增量式的专利语义标注方法，其中"增量式"是指用前一次标注的数据来进行下一次的标注。本章将标注专利文摘的功效与技术部分，其中功效部分的标注采用协同训练的方法，技术部分的标注将基于自举模型，最后将这两种方法分别与有导机器学习方法和基于模板的方法进行对比试验，并对试验中的错误标注原因进行了分析。

6.2 专利功效标注

6.2.1 专利功效标注的概念

定义 6.1 专利功效语句

专利功效语句是指在中文专利摘要文本中，描述专利完整功能语义的分句，其中，分句是指以逗号或者分号为分割符号的句子。

定义 6.2 专利功效标注

专利功效标注是指从中文专利摘要文本中抽取并标识出专利功效语句。

对专利文摘中的功效标注采用三种 XML 标签表示。它们分别是：

<Effect>：表示该专利产生的效果。

<Attribute>：表示该专利所产生效果作用的对象。通常为名词，如"价格""性能"等。

<Value >：表示该专利所产生的效果。通常是动词和形容词，如"减少""简单"等。

其中，<Attribute>和<Value >是<Effect >的子标签。如图 6.1 所示，该专利产生了两种效果："保护液晶表面"和"减少辐射"。在效果"减少辐射"中，"辐射"是 attribute，"减少"是 value。

通过对中文专利文献的分析，我们发现中文专利功效语句具有三个显著特点：

```
一种液晶显示器，其在原有的液晶显示器面板上设置一个透明硬质玻璃。通过本实
用新型的设计，
<Effect>不仅可使液晶显示器的
<Atrribute>液晶表面</Attribute>受到妥善
<Value>保护</Value>
</Effect>同时可<Value>减少</Value>
<Attribute>辐射</Attribute>
</Effect>
```

图 6.1　专利标注示例

特点一：功效语句在摘要中出现的位置往往比较集中，通常表现为若干分句串联的形式。

特点二：功效语句中通常包含若干关键词的固定搭配模式。例如：包含搭配模式"提高……的能力"的语句往往为一条功效语句。

特点三：同一作者所写的专利在写法上呈现一定的规律和相似性，同一个作者往往倾向于用相同或类似的关键词来描述专利的功效。

考虑到中文专利的特点以及中文专利功效标注的特点，本章将通过少量的标注，采用一种协同训练的方法对专利进行增量地功效标注。

6.2.2　关键词抽取与链式抽取方法

针对上文提及的中文专利功效标注的特点，本章提出两种功效语句的抽取方法。

(1)关键词抽取：通过识别包含关键词固定搭配的语句，将其抽取为功效语句，称为关键词抽取。

(2)链式抽取：由于功效语句在专利摘要中通常聚集在一起，它们可被视为一种串行连接的链表。将若干顺次连接的功效语句同时抽取出来，称为链式抽取。

由于一次可以抽取出多条语句，链式抽取的召回率比较高，但是每条被抽取出来的语句并不一定正确，所以链式抽取的准确率较低。相反地，关键词抽取的准确率比较高，但是由于每次只能命中包含该关键词的文摘片段，所以关键词抽取的召回率较低。

(1) 关键词抽取。

中文专利功效标注的第二个特点表明专利功效语句中通常包含若干关键词的固定搭配模式，这些模式实质上可以映射为<attribute>和<value>标签。attribute 通常为名词，表示专利产生的效果作用的对象，例如"成本""效率"等；value 表示其作用效果的具体值。由于中文语言表达的灵活性以及中文专利中存在着可自由替换的同义词，表示专利功效的关键词搭配也灵活多变。例如，"降低成本"与"成本低廉"为语义相同的两个功效短语。本章将用一种二元组来表示关键词的搭配模式。

定义 6.3 功效属性词语

功效属性词语表示专利所产生效果作用的对象的词语，对应着<attribute>标签里面的内容。

定义 6.4 功效属性语义类

功效属性语义类代表和某个功效属性词语具有相同语义的词语集合。例如，{价格、价位、价钱}都属于"价格"的语义类。

定义 6.5 功效值词语

功效值词语是表示专利所产生效果的词语，对应着<value>标签里面的内容。

定义 6.6 功效值语义类

功效值语义类代表和某个功效值词语具有相同语义的词语集合。例如，{降低、减少、下降、低廉}都属于"降低"的语义类。

定义 6.7 功效搭配

某个功效属性词语与其搭配的功效值词语组成的词语被称之为是一个功效搭配。例如，"价格低廉"就是一个功效搭配。

定义 6.8 功效语义词典

功效语义词典 Dic 为自定义的一个包含功效语义类信息的三级散列表。它包含三方面的内容：功效属性词语及其同义词的集合；功效值词语及其同义词的集合；功效属性词语和其搭配的功效值词语的对应关系。

功效属性词语集合：$A = \{a_1, a_2, \cdots, a_n\}$，其中，$a_i(1 < i < n)$ 表示一个功效属性词语。

功效属性词语 a_i 的同义词集合：$B_i = \{b_{i1}, b_{i2}, \cdots, b_{im}\}$，表示功效属性词语 a_i 一共有 m 个同义词。

与某个功效属性词语 a_i 搭配的功效值词语的集合：$V_i = \{v_{i1}, v_{i2}, \cdots, v_{ip}\}$，表示功效属性词语 a_i 一共有 p 个功效值词语与之搭配。$v_{ij}(1 < j < p)$ 表示与功效属性词语 a_i 搭配的一个功效值词语。

功效值词语 v_{ij} 的同义词集合：$C_{ij} = \{c_{ij1}, c_{ij2}, \cdots, c_{ijq}\}$，表示功效值词语 v_{ij} 一共有 q 个同义词。

本章用一个三级的散列表来表示这三方面的内容，如图 6.2 所示。

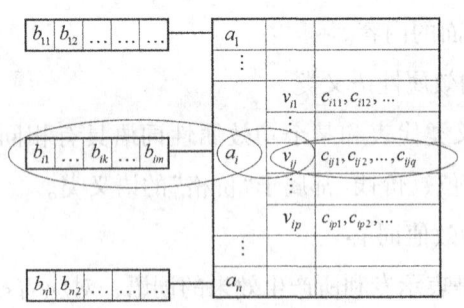

图 6.2 功效语义词典

这三个级别分别是：

级别 1：功效属性词语到其同义词集合的映射，如图中最左边的椭圆所示；

级别 2：功效属性词语到与其搭配的功效值词语之间的映射，如图中中间的椭圆所示；

级别 3：功效值词语到其同义词集合的映射，如图中最右边的椭圆所示。

定义 6.9 同义功效搭配

设 W 为一个功效搭配，它对应的功效属性词语是 A，对应的功效值词语是 V，A 对应的功效属性语义类是 AS，V 对应的功效值语义类是 VS，则功效搭配 W 的同义功效搭配集合是 AS 与 VS 的笛卡儿乘积。

《哈工大信息检索研究室同义词词林扩展版》是哈尔滨工业大学信息检索实验室编写的一部收录了中文 77343 条词语的同义词和同类词词库，含有比较丰富的语义信息，它在中文信息处理和检索中起到很大的作用。在本章中，词语的同义词都是通过查询《哈工大信息检索研究室同义词词林扩展版》得到。图 6.3 给出这个三级散列表的一个具体的示例。

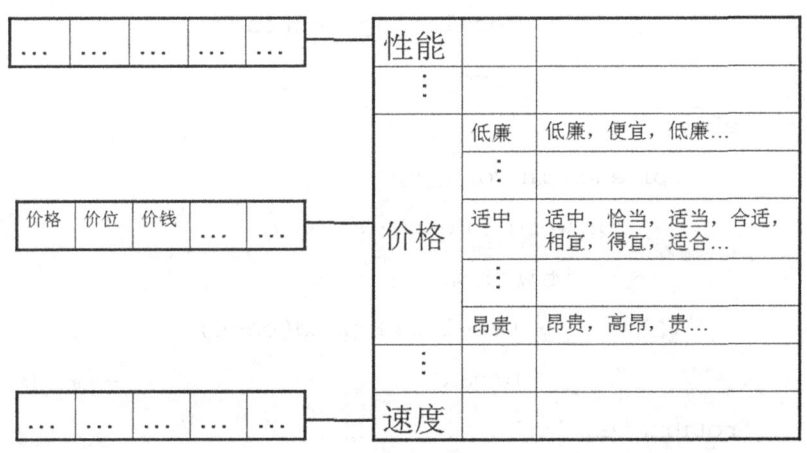

图 6.3　基于同义词林的三级散列表

在这个功效语义词典的示例中，存放了一个功效属性词语"价格"，它有"价格""价位""价钱"等同义词，它可以与"低廉""适中""昂贵"等功效值词语进行搭配，而"适中"这个功效值词语又有"适中""恰当""适当""合适""相宜""得宜""适合"等同义词，因此与"价格适中"这个功效搭配同义的搭配有"价格恰当""价格适当""价位适中""价位得宜""价钱相宜""价格适合"等词语。其具体实现的 Python 代码如下所示：

```python
import itertools;
import re;
#同义词词集或相关词词集
def get_sym(w,word_set):
    # w:   input word
    # word_set:同义词词集或相关词词集
    results=[]
    if(len(w)==1):
        for each in word_set:
            for word in each:
                if w==word:
                    results.append(each)
                    break
    else:
        for each in word_set:
            for word in each:
                if w in word:
                    results.append(each)
                    break
    return results

#获取该词的所有词
def get_allWords(w):
    f = open('HIT-IRLab-同义词词林(扩展版)_full_2005.txt','r')
    lines=f.readlines()
    sym_words=[]
    sym_class_words=[]
```

```
#从txt中获取词条,构建同义词词集sym_words和相关词词集sym_class_words
    for line in lines:
        line=line.replace('\n','')
        items=line.split(' ')
        index=items[0]
        if(index[-1]=='='):
            sym_words.append(items[1:])
    str=[]
    for swords in get_sym(w, sym_words):
        for sw in swords:
            str.append(sw)
    print(str)
    return str
#获取所有新的搭配
def get_AllCombination(values,attributes):
    combs=[]
    #获取values和attributes的所有组合,即得到笛卡儿积
    for x in itertools.product(values,attributes):
        combs.append((x[0],x[1]))
    return combs
```

第二种方法是采用Synonyms中文近义词工具包,收录了中文125792条词语的同义词和同类词词库,含有比较丰富的语义信息,它在中文信息处理和检索中起到很大的作用。其具体代码如下:

```
import synonyms
#判断是否为有意义字符
def is_Chinese(word):
    for ch in word:
```

```
    if '\u4e00' <= ch <= '\u9fff':
        return True
return False
```

```
#获取同义词
def getnearby(word):
    words=[];
    for word in synonyms.nearby(word)[0]:
        #去除非字符的关键词
        if(is_Chinese(word)==True):
            words.append(word)
    if(len(words)==0):
        words.append(word)
    return words;
```

```
#根据搭配的关键词的同义词进行组合
import itertools;
def get_AllCombination(values,attributes):
    combs=set()
    #获取 values 和 attributes 的所有组合,即得到笛卡儿积
    for x in itertools.product(values,attributes):
        combs.add((x[0],x[1]))
    return combs
```

(2) 链式抽取。

根据链式抽取的方式不同，链式抽取共分成两种抽取方法，一种是边界抽取，另一种是并列句抽取。

- 边界抽取

边界抽取的工作机制是：在一个句子中，当一个片段相邻两边的片段

都被标注为功效片段,那么这个片段也被标注为功效片段。边界抽取基于这样的常见现象：功效语句通常是连接在一起的。

如图 6.4 所示,A、B、C 和 D 是 4 个分句,当左边界 A 和右边界 D 都被标注为功效片段,并且在 A、B、C 和 D 这 4 个分句之间没有句号或分号时,边界抽取方法会将 A 和 D 之间的 B,C 也标注为功效片段。

<effect>A</effect>, B, C, <effect>D</effect>

图 6.4 边界式抽取例子

边界抽取的算法 6.1 如下所示：

Algorithm 6.1：Edge extraction

Input：a patent P, and a set S containing P' clauses which have been annotated as functional clauses

Output：new functional clauses generated from edge extraction

1. Get the serial number of each clause in S.
2. For each pair of neighboring functional clauses in S, if they are in the same sentence and the clauses between them are not in S, then annotate these clauses as functional clauses.

算法 6.1 通过边界抽取找到一个专利中的功效语句。算法的第 1 步获取集合 S 中每一个功效分句在专利 P 中的分句序号；第 2 步针对 S 中每一对邻近的功效分句,如果这两个分句在同一个句子中,并且它们之间的所有分句还没有被标注为功效分句,那么将它们中间的每一条分句都标注为功效分句。其具体实现的 Python 代码如下所示：

```
import re
#边界抽取
```

```python
def edgeExtraction(patent):
    if patent[-1]=='。':
        patent=patent[:-1]
    #将句子中的;和。替换为','再进行分割
    pat=patent.replace(';',',')
    sen=pat.replace('。',',')
    #先将片段分割得到分句集合str
    str=sen.split(',')
    #存储功效分句在集合中序号
    fun=[]
    #获取集合S中每一个功效分句在专利P中的分句序号;
    for index,eff in enumerate(str):
        #判断是否已经被标注为功效语句,即字符串起始为</effect>
        if eff.startswith("<effect>") and eff.endswith("</effect>"):
            fun.append(index)
    #存储利用边界抽取得到的需要标注的语句
    add=[]
    #循环遍历存储功效分句序号fun
    for x in range(0,len(fun)-1):
        #如果两个功效分句序号相邻则说明两者之间没有未标注的语句,则进行下一个循环
        if fun[x]+1==fun[x+1]:
            continue
        #在专利摘要中找到这两个分句中间的部分,判断这个部分是否包含句号,若不包含,则说明在一个句子当中,则该中间的每一条分句都标注为是功效分句
```

```
        pattern = re.search(str[fun[x]]+'(.*?)'+str
[fun[x+1]],patent,re.S).group(1)
        if pattern.find('。')==-1:
            add.append(str[fun[x]+1:fun[x+1]])
    return add
```

- 并列句抽取

并列句抽取的工作机制是：一个功效型语句的所有并列句也是功效语句。

定义 6.10 并列句

如果一个句子中两个相邻分句 A 和 B 之间如果通过连词"并且""而且""还""不仅"或"并且"进行连接时，则称 A 和 B 是并列句。

判断分句 A 和分句 B 是否为并列句的算法如算法 6.2 所示：

Algorithm6.2：IsCoordinateSentence
Input：a patent P, and its two clauses A and B
Output：whether A and B is coordinate sentence
1. Get the serial numbers of A and B in S.
2. A and B is coordinate sentence if they satisfy the following conditions at the same time：
(1)A and B are in the same sentence;
(2)the difference of their serial numbers is 1;
(3)A and B are connected by conjunction"并且"，"而且"，"还"，"不仅"or"并且".

算法 6.2 判断一个专利中的两个分句是否为并列句。第 1 步获取这两个句子在专利中的分句序号；第 2 步表示如果这两个句子同时满足三个条件的话，那么这两个分句就是并列句。这三个条件分别是：①这两个分句在同一个句子中；②这两个分句相邻；③这两个分句通过"并且""而且""还""不仅"或者"并且"进行连接。

并列句抽取的算法如算法 6.3 所示：

Algorithm 6.3：Coordination extraction

Input：a patent P, and a set S containing P'clauses which have been annotated as functional clauses

Output：new functional clauses generated from coordination extraction

---
1. For each clause C in S, find out its all neighboring clauses in P.
2. If one neighboring clause is the coordination sentence of C and it is not in S, then annotate this clause as functional clause.

算法 6.3 通过并列句抽取找到一个专利中的功效语句。第 1 步对于集合 S 中的每个功效分句，找到它在专利中的邻近分句。这里的邻近分句是指在专利文本中，这两个分句是物理上紧挨着的，它们可以是在同一个句子中，也可以是在不同的句子中。第 2 步判断 S 中的功效分句和它的邻近分句是否是并列句，如果是并列句，并且这条邻近分句还没有被标注为功效分句，那么就标注这条邻近分句为功效分句。其具体实现的 Python 代码如下所示：

```
def coordinationExtraction(patent):
    if patent[-1]=='。':
        patent=patent[:-1]
    #将句子中的;和。替换为','再进行分割
    pat=patent.replace(';',',')
    sen=pat.replace('。',',')
    #先将片段分割得到分句集合 str
    str=sen.split(',')
    #存储功效分句在集合中序号
    fun=[]
    #存储利用并列句抽取得到的需要标注的语句
```

```
add=[]
#获取集合str中每一个功效分句在专利P中的分句序号；
for index in range(0,len(str)-1):
    eff=str[index]
    #判断该分句是否为功效语句
    if eff.startswith("<effect>") and eff.endswith("</effect>"):
        #检查它的邻近分句是否已经被标注为功效语句
        if str[index+1].startswith("<effect>") and str[index+1].endswith("</effect>"):
            continue
        #判断邻近语句是否为并列句 条件一:两分句物理相邻
        else:
            #条件二:判断是否是同一句
            pattern = re.search(str[index]+'(.*?)'+str[index+1],patent,re.S).group(1)
            if pattern.find('。')==-1:
                #条件三:这两个分句通过"并且""而且""还""不仅"或者"并且"进行连接
                if str[index+1].startswith(("并且","而且","还","不仅","且","或者")):
                    add.append(str[index+1])
return add
```

6.2.3 基于协同训练的功效标注算法

本章基于协同训练的专利功效标注方法是基于这样的前提：在一个特定的主题内，高产量、高质量的专利发明人有着固定的写作习惯和风格，他们在撰写某个领域中的专利时，喜欢使用相同或类似的搭配来描述所发明专利的功效，并且根据个人习惯，他们喜欢将专利的功效写在专利摘要中的特定位置，例如篇首或篇尾等。此外，在同一个领域内专利通常会有着相同或相近的功效。

基于上述思想，本章采用了两种不同的初始方式标注功能型语句，第一种是以关键词方式抽取，其流程如图 6.5 所示，与图中标号对应的具体步骤的解释如下：

(1) 首先，进行功效标注的范围是针对某个特定主题的专利，这个主题可以是某个具体的 IPC 分类号或者是包含某个关键词的所有专利。

(2) 将这个主题内的发明人按照其发明专利的个数进行降序排列，取发明专利较多的前 K 个发明人。这样做的理由是高产量的发明人的专利一般也是高质量的。这些发明人在这个主题内的专利里面通常会包含这个领域大多数的功效搭配。并且，由于发明人有着固定的写作习惯和风格，我们可以通过分析高产量发明人的专利来发现其中隐含的写作习惯和风格。

(3) 对于前 K 个发明人，对于每一个发明人，以关键词抽取开始，使用人工的方法抽取其中的功效搭配，包含这些功效搭配的分句都被标注为是功效语句，抽取出来的新的功效搭配存放到功效语义词典中。

(4) 对于功效语义词典里新添加进来的每个功效搭配，在这个发明人的所有专利中进行功效语句检索，搜索到包含该搭配的专利片段。

(5) 当专利中已经标注了若干功效语句时，可以开始进行链式抽取。链式抽取可以是 6.1 边界抽取，也可以是 6.2 的并列句抽取。对于 6.1 边界抽取，是基于两个已经标注为功效句子之间的分句被视为新的功效型语句。而 6.2 的并列句抽取是基于与一个功效型句子并列的分句也被视为功效型语句。

(6) 对通过链式抽取出来的功效语句，进行一个判断工作，对其中不是表示功效的语句人工过滤掉，否则，标注为功效语句。对于通过链式抽取新添加进来的功效语句，人工抽取其中的功效搭配，并加入功能语义类词典中，循环执行步骤(4)至(6)，直至没有新的功效语句产生。

6.2 专利功效标注

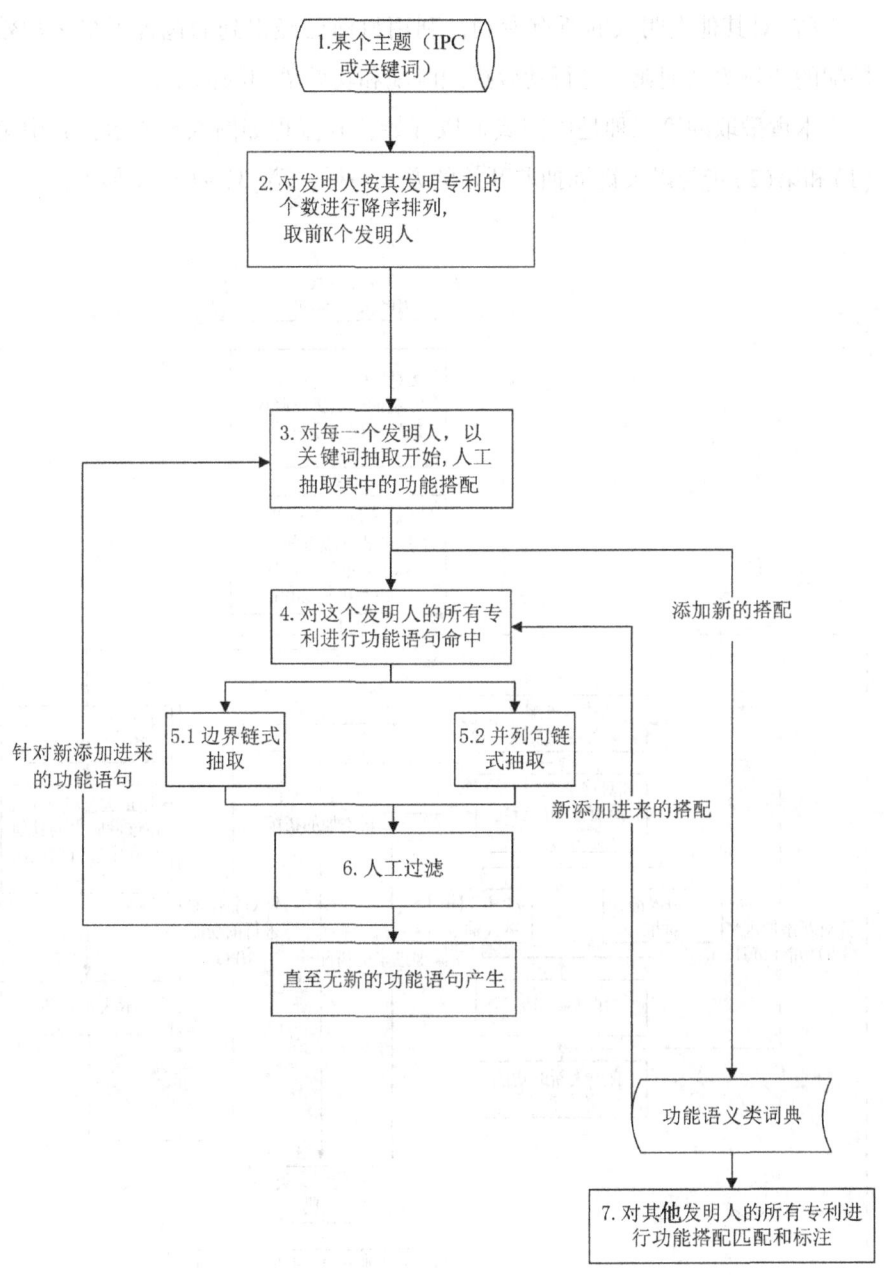

图 6.5 以关键词抽取开始的功效抽取方法

(7)对其他发明人的所有专利,利用目前已经得到的包含了很多功效搭配的功效语义词典,进行功效搭配匹配和功效语句的标注。

本章采取的第二种是以链式抽取开始,其流程如图 6.6 所示,其中第(1)和第(2)步与以关键词抽取开始的方式一样,第(3)~(6)步如下:

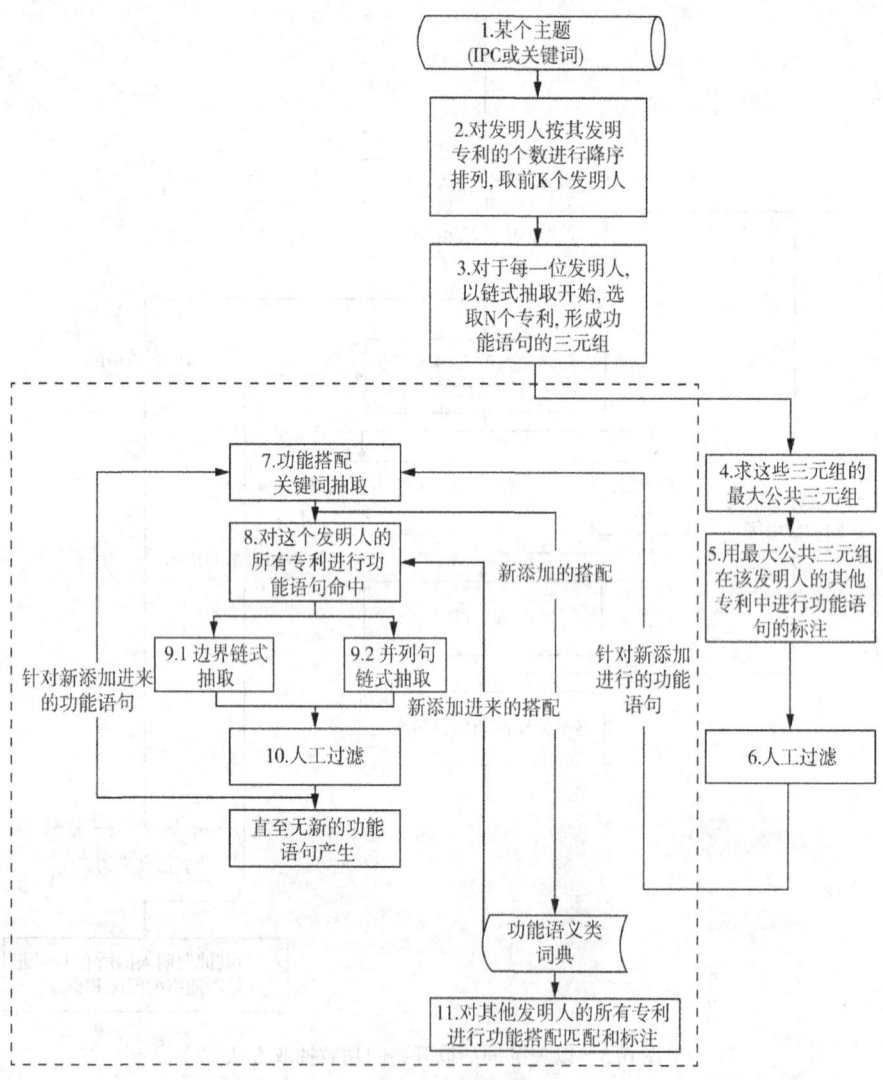

图 6.6 以链式抽取开始的功效抽取方法

(3)对于每一个发明人,以链式抽取开始,随机取他的 N 篇专利,采用人工的方法对这 N 篇专利中标出所有的功效语句,对于这些功效性语句以三元组方式表示,其三元组表示的方法在后面的定义 6.11 中介绍。

(4)计算上一步的这些三元组的最大公共三元组,其最大公共三元组的方法见后面的算法 6.5。

(5)基于专利功效句通常都连接在一起的现象,采用获得的最大公共三元组在该发明人的其他专利中进行功效语句的标注。

(6)对上一步找出来的功效语句,进行一个判断工作,对其中不是表示功效的语句人工过滤掉,否则,标注为功效语句。

对于后面的(7)~(11)步与图 6.5 所示的(3)~(7)类似,后面也是先通过关键词再通过边界式抽取或者链式抽取的方式来进行协同训练。

图 6.6 步骤(7)中对于功效语句关键词抽取,采用 HanLP 中依存句法分析进行自动抽取。依存句法分析(Dependency Parsing,DP)是通过分析语言单位内成分之间的依存关系揭示其句法结构,其中依存句法的关系类型如表 6.1 所示。我们通过实验找寻功效搭搭配结构中存在的潜在语义结构,抽取功效搭配短语。

表 6.1 依存句法分析标注关系

关系类型	Tag	Example
主谓关系	SBV	我送她一束花(我←送)
动宾关系	VOB	我送她一束花(送←花)
间宾关系	IOB	我送她一束花(送←她)
前置宾语	FOB	他什么书都读(书←读)
兼语	DBL	他请我吃饭(请→我)
定中关系	ATT	红苹果(红←苹果)
状中结构	ADV	非常美丽(非常←美丽)
动补结构	CMP	做完了作业(做→完)
并列关系	COO	大山和大海(大山→大海)

续表

关系类型	Tag	Example
介宾关系	POB	在贸易区内(在→内)
左附加关系	LAD	大山和大海(和←大海)
右附加关系	RAD	孩子们(孩子→们)
独立结构	IS	两个单句在结构上彼此独立
核心关系	HED	指整个句子的核心

其主要代码如下：

#7. 根据获取的功效语句进行关键词抽取,利用依存句法分析

```
from pyhanlp import *

def Extract_KeyWord(new_sentences):
    dictionary_set=set()
    HanLP = JClass('com.hankcs.hanlp.HanLP')
    for s in new_sentences:
        for text in s:
            print("=====")
            print(text)
            sentence =HanLP.parseDependency(text)
            if sum(1 for _ in sentence.iterator())==2:
                for word in sentence.iterator():
                #    print(word)
                    if word.DEPREL! ='核心关系':
                        dictionary_set.add((word.LEMMA, word.HEAD.LEMMA))
                #    print("%s==%s --(%s)-->%s" % (word.POSTAG, word.LEMMA, word.DEPREL, word.HEAD.LEM-
```

```
MA))
            else:
                tup=()
                for word in sentence.iterator():
                    if word.DEPREL=='核心关系':
                        key=word.LEMMA
                    for word in sentence.iterator():
                        if word.DEPREL=='动宾关系' and word.HEAD.LEMMA==key:
                            dictionary_set.add((word.LEMMA, word.HEAD.LEMMA))
                            print("%s==%s --(%s)-->%s" % (word.POSTAG, word.LEMMA, word.DEPREL, word.HEAD.LEMMA))
                            n=word.LEMMA
                        elif word.DEPREL=='主谓关系' and word.HEAD.LEMMA==key:
                            dictionary_set.add((word.LEMMA, word.HEAD.LEMMA))
                            print("%s==%s --(%s)-->%s" % (word.POSTAG, word.LEMMA, word.DEPREL, word.HEAD.LEMMA))
                        elif word.DEPREL=='并列关系' and word.HEAD.LEMMA==key:
                            dictionary_set.add((word.LEMMA, key))
                            print("%s==%s --(%s)-->%s" % (word.POSTAG, word.LEMMA, word.DEPREL, key))
    return dictionary_set
```

```
#把抽取的关键词搭配写入 csv 并人工进行过滤
Extract_dictionary=Extract_KeyWord(newsentences)
with open('功效抽取数据//成蛟_关键词搭配.csv',mode='w+',
encoding='utf-8',newline='') as file:
    f_csv = csv.writer(file)
#   f_csv.writerow(['word1','word2'])
    for t in Extract_dictionary:
        f_csv.writerow(t)
```

在上文对功效语义词典的定义和描述中我们知道,通过功效语义词典,能从中查询到与某个功效搭配同义的那些功效搭配词语。图 6.6 步骤 (6) 中对于新添加进来的每个功效搭配,在这个发明人的所有专利中进行功效语句命中,这里的"命中"指的是在语义层面的命中。步骤 (6) 的实现如算法 6.4 所示。

Algorithm 6.4: Functional collocation hit
Input: a patent P, functional Semantic Dictionary Dict, functional collocation word w
Output: clauses hit using functional collocation
1. Get the functional attribute att and functional value v of word w;
2. Get the synonym sets of att and v from DICT, denoted as att_syn and v_syn respectively;
3. Get all the synonym functional collocations of word w, that is the Cartesian product of att_syn and
4. v_syn, denoted as CP.
6. For each clause in P, if it contains one element in CP, then annotate this clause as functional clause.

算法 6.4 的步骤 1 分别得到欲被匹配的功效搭配的功效属性词语和功效值词语;步骤 2 根据功效语义词典,分别得到功效属性词语和功效值词语的语义类;步骤 3 计算上一步两个语义类的笛卡儿乘积,即是欲被匹配

的功效搭配的同义功效搭配；步骤4针对专利中的每一个分句,检查里面是否包含同义功效搭配集合里的某个元素,如果包含,则将这个分句标注为功效语句。

其具体实现的Python代码如下所示：

```python
#新添加进来的每个功效搭配,进行功效语句命中
def hit(patent,collocation):
    #得到专利中分句集合
    pat=patent.replace(';',',')
    pat=pat.replace('。',',')
    patentSet=pat.split(',')
    #针对专利中的每一个分句,检查里面是否包含同义功效搭配集合里的某个元素
    for clause in patentSet:
        if clause.startswith("<effect>") and clause.endswith("</effect>"):
            continue;
        for col in collocation:
            #若分句中包含同义功效搭配中的某个元素,则将其标注为功效语句
            if clause.find(col[0])>=0 and clause.find(col[1])>=0:
                patent=patent.replace(clause,"<effect>"+clause+"</effect>")
                break
    print(patent)
    return(patent)
```

定义6.11 专利功效片段

在中文专利摘要里的同一个句子中,若干个顺次连接的专利功效语句

构成一个专利功效片段。专利功效片段的长度定义为片段中分句的个数。

本章用一个三元组(sentenceIndex, clauseIndex, indexLength)来表示专利功效片段。其中 sentenceIndex 表示功效片段所在句子在整个专利摘要文本中的索引位置，clauseIndex 为功效片段在其所在句子中的索引位置，indexLength 表示功效片段的索引长度。它们的具体定义分别如下：

$$\text{sentencePosition} = \begin{cases} s, & s < n/2 \\ s-n-1, & s \geq n/2 \end{cases}$$

$$\text{clausePosition} = \begin{cases} -e-1, & f \geq e \\ f, & f < e \end{cases}$$

$$\text{indexLength} = \begin{cases} \text{length}, & \text{clausePosition} \geq 0 \\ -\text{length}, & \text{clausePosition} < 0 \end{cases}$$

图 6.7 的线段图中表示了根据 effect 所处的位置情况取正和负，其中，n 表示整个专利摘要文本中的句子个数；s 表示功效片段所在句子在整个专利摘要文本中的句子序号；f 表示在功效片段所在句子中，功效片段前面的分句个数；e 表示在功效片段所在句子中，功效片段后面的分句个数；length 表示功效片段的长度。

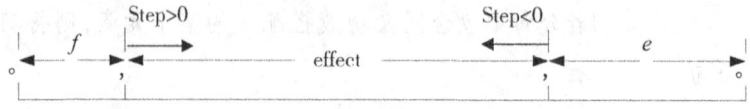

图 6.7　功效性句子三元组表示方法

下面以一个示例进行说明，如图 6.8 所示。

```
A, B。C, D。E, F, G, H, <effect>I, J, K</effect>。
```

图 6.8　功效片段三元组表示示例

图 6.8 为一个简化的专利摘要，每一个大写字母代表一条分句。按照

上文的定义，s=3，n=3，f=4，e=0，length=3，因此，功效片段用三元组表示为(-1，-1，-3)。

功效标注流程中需要求若干个功效片段三元组的最大公共三元组，最大公共三元组代表的是这些功效片段在专利中出现的位置的一个共性。找出这个最大公共三元组之后，将它放置到其他专利中去匹配相应的位置上的片段，很可能这个片段就是一个功效片段。算法6.5为找最大公共三元组的方法：

Algorithm 6.5：Maximum Common Triple
Input：N functional segments' triples, denoted as (a_i, b_i, c_i), $0 < i < N$
Output：the maximum common triple of N triples
1. From the set $\{a_i\}$, $0 < i < N$, find the most frequent element, if there are multiple elements with the same occurrence number, choose the one with the least absolute value. If there are multiple elements with the same occurrence number and the same absolute value, choose the negative one. We denote the chosen element a_r;
2. From the set $\{(a_i, b_i, c_i)\}$, $0 < i < N$, we get its subset with the first element is a_r. Consider the set of the second element of this subset, we find the most frequent element. If confronting the problem of multiple elements, we handle it using the method in Step 2. The ultimate element is denoted as b_p;
3. From the set $\{(a_i, b_i, c_i)\}$, $0 < i < N$, we get its subset with the first element is a_r and the second element is b_p. Consider the set of the third element of this subset, we find the element with the least absolute value. If there are multiple elements with the same absolute value, choose the negative one. The ultimate element is denoted as c_q;
4. The maximum common triple of these N triples is (a_r, b_p, c_q).

算法6.5通过分别比较分析多个三元组中的每个元素来找到最大公共三元组。步骤1是确定最大公共三元组的第一个元素。首先取在这些三元组中出现次数最多的第一元素，如果有多个元素出现了相同的次数，那么

就取绝对值较小的那个元素。如果有多个元素不仅出现次数相同，绝对值也相同，那么就取为负数的元素。步骤2是确定最大公共三元组的第二个元素。它考察的范围是在上一步中第一元素已经确定了的那些三元组，选择和处理的方式和上一步一样。步骤3是确定最大公共三元组的第三个元素。它考察的范围是在上两步中第一、二元素已经确定了的那些三元组。它选择绝对值较小的第三元素，如果有多个元素绝对值相同，那么就取为负数的那个元素。在这三个步骤中，本章确定最大公共三元组三个元素的指标是出现次数最多、绝对值小和为负数，这是因为第一、二元素出现次数多表明这个位置是这些三元组所代表的功效片段的共同点；倾向于选择绝对值小的第一、二元素是基于这样的考虑：功效语句通常出现在专利的摘要全文和句子中的首尾位置；倾向于选择为负数的第一、二、三元素是因为较之专利的开始位置，功效语句更多情况下是出现在专利的尾部。

其最大公共三元组的 Python 实现代码如下所示：

```
import collections
import re
#三元组标记
#s 是功效片段所在句子在整个专利摘要文本中的句子序号
#n 是整个专利摘要文本中的句子个数
#f 表示在功效片段所在句子中,功效片段前面的分句个数
#e 表示在功效片段所在句子中,功效片段后面的分句个数
#length 表示功效片段的长度
def ThreeTuple(s,n,f,e,length):
    sentenceIndex=0
    clauseIndex=0
    indexLength=0
    if s<n/2:
        sentenceIndex=s
    else:
```

```
        sentenceIndex=s-n-1
    if f>=e:
        clauseIndex=-e-1
    else:
        clauseIndex=f
    if clauseIndex>=0:
        indexLength=length
    else:
        indexLength=-length
    tup=(sentenceIndex,clauseIndex,indexLength)
    return tup


#得到某一数组元素出现最多次元素
def get_num(sets):
    #记录该数组中每个元素出现的次数
    coll=collections.Counter(sets)
    #获取次数最多的元素num以及出现的个数count
    num=coll.most_common(1)[0][0]
    count=coll.most_common(1)[0][1]
    #判断数组中是否有多个元素出现了相同的次数
    for x in coll:
        #存在相同次数值
        if coll[x]==count and x!=num:
            #记录绝对值最小的值
            if abs(x)<abs(num):
                num=x
            #绝对值相同取为负数
            if abs(x)==abs(num):
```

```
            if x<num:
                num=x
    return num


#查找最大公共三元组
def commonTuple(tups):
    #存储所有三元组第一元素
    one=[]
    for x in tups:
        one.append(x[0])
    print(one)
    #获取这些三元组中出现次数最多的第一元素
    one_num=get_num(one)

    #存储所有三元组第二元素
    two=[]
    for x in tups:
        #三元数组中第一元素为出现次数最多的元组摘出来
        if x[0]==one_num:
            two.append(x[1])
    print(two)
    #获取这些三元组中出现次数最多的第二元素
    two_num=get_num(two)

    #存储所有三元组第三元素
    three=set()
    for x in tups:
        #三元数组中第一元素和第二元素分别都为出现次数最多的
```

元组摘出来
```
        if x[0]==one_num and x[1]==two_num:
            three.add(x[2])
    print(three)
    #选择绝对值较小的第三元素,如果有多个元素绝对值相同,那么就取为负数的那个元素。
    three_num=three.pop()
    for x in three:
        if abs(x)<abs(three_num):
            three_num=x
        if abs(x)==abs(three_num) and x<three_num:
            three_num=x
    #得到最大公共三元组三个元素
    common=(one_num,two_num,three_num)
    print(common)
    return common


#根据最大公共元组获取新的标注语句
def get_newSentence(patent,commontuple):
    if patent[-1]=='。':
        patent=patent[:-1]
    #先将片段分割得到句子集合 sentenceSet
    sentenceSet=patent.split("。")
    #根据最大公共元组第一元素表示句子索引 得到需要标注的句子
    sentence=sentenceSet[commontuple[0]]
    #将句子分割得到分句集合 clauseSet
    sentence=sentence.replace(";",",")
    clauseSet=sentence.split(",")
    #存储新的标注语句
```

```
            newClauses=[]
            #根据最大公共元组第二元素得到功效片段在句子中的索引
            #若小于 0 则从后向前截取 commontuple[2](功效片段的长度)
长度的分句
            if commontuple[1]<0:
                for clause in clauseSet[(commontuple[1]+com-
montuple[2]+1):commontuple[1]]:
                    newClauses.append(clause)
                newClauses.append(clauseSet[commontuple[1]])
            else:
                #否则从 commontuple[1]开始截取 commontuple[2](功
效片段的长度)长度的分句
                for clause in clauseSet[commontuple[1]:(com-
montuple[1]+commontuple[2])]:
                    newClauses.append(clause)
            return newClauses


    tups=[(-1,-2,-8),(-1,-2,-3),(-1,-2,-7),(-1,-1,-6),
(-1,-1,-5)]
    print(commonTuple(tups))
    p="该技术是……采用锡铟氧化物薄膜、颜色滤光层和阻挡层相结合方
法制作了阳极面板结构,具有结构简单,制作成本低廉,制作工艺简单,制作
过程稳定可靠的优点。"
    print(get_newSentence(p,commonTuple(tups)))
```

其中commonTuple()方法是产生新的三元组,当用户需要计算相应的三元组时,只需要把 tups=[(-1, -2, -8), (-1, -2, -3), (-1, -2, -7), (-1, -1, -6), (-1, -1, -5)],后面等号内容替换成为自己的三元组就可以了。get_ newSentence(p, commonTuple(tups))是根据三元组抽取新的功效语句,当用户需要抽取新的语句时,只需要将字符串 p 赋值

为所需要的句子就可以了。

6.2.4 协同训练功效抽取示例

下面以链式抽取开始为例，表6.2为"李玉魁"发明的关于"显示器"的五篇专利，其标注的三元组分别为(-1，-1，-8)，(-1，-1，-3)，(-1，-1，-7)，(-1，-1，-6)，(-1，-1，-5)，根据算法6.5，选择准确率最大公共三元组为(-1，-1，-3)。

表6.2　　　　　　　　最大公共三元组示例

专利名称(专利号)	摘　　要	三元组
带有副栅极的背栅结构的平板显示器及其制作工艺(200610017540.6)	本发明涉及带有副栅极的背栅结构的平板显示器及其制作工艺，该带有副栅极的背栅结构的平板显示器包括由阴极面板、阳极面板和四周玻璃围框所构成的密封真空腔……\<effect>能够有效降低整体器件的工作电压，提高碳纳米管阴极的电子发射能力\</effect>，\<effect>有利于进一步提高平板显示器件的亮度\</effect>，\<effect>降低器件的制作成本\</effect>，\<effect>具有制作过程稳定可靠\</effect>、\<effect>制作工艺简单\</effect>、\<effect>制作成本低廉\</effect>、\<effect>结构简单的优点\</effect>。	(-1，-1，-8)
带有集成背栅结构的平板显示器及其制作工艺(200510107336.9)	发明涉及一种大叶飞轮型阴极发射结构的平板显示器的制作工艺……\<effect>能够进一步增大碳纳米管阴极顶端的电场强度\</effect>，\<effect>提高碳纳米管阴极的电子发射效率\</effect>，\<effect>在将栅极-阴极结构集成到一起的同时进一步增加栅极的控制效率，提高整体器件的显示亮度\</effect>，\<effect>具有制作过程稳定可靠\</effect>、\<effect>制作工艺简单、制作成本低廉、结构简单的优点\</effect>。	(-1，-1，-8)

续表

专利名称(专利号)	摘要	三元组
伞形栅极阵列结构的平板显示器及其制作工艺（200510107343.9）	本发明特别涉及带有伞形栅极阵列结构的平板显示器及其制作工艺……<effect>进一步加强了对碳纳米管阴极电子发射的控制</effect>，<effect>降低了器件的工作电压</effect>，<effect>提高了碳纳米管阴极的电子发射效率</effect>，<effect>具有制作过程稳定可靠</effect>、<effect>制作工艺简单</effect>、<effect>制作成本低廉</effect>、<effect>结构简单的优点</effect>。	(-1, -1, -7)
段阴极高双点栅控结构的平板显示器及其制作工艺（200910227574.1）	本发明涉及一种段阴极高双点栅控结构的平板显示器及其制作工艺……<effect>能够提高碳纳米管阴极的电子发射面积和电子发射效率</effect>，<effect>降低栅极电压，具有制作过程稳定可靠</effect>、<effect>制作工艺简单</effect>、<effect>制作成本低廉</effect>、<effect>结构简单的优点</effect>。	(-1, -1, -6)
凹面内栅控曲型阴极结构的平板显示器及其制作工艺（200710054598.2）	本发明涉及一种凹面内栅控曲型阴极结构的平板显示器及其制作工艺……<effect>能够进一步提高整体器件的显示图像质量</effect>，<effect>具有制作过程稳定可靠</effect>、<effect>制作工艺简单</effect>、<effect>制作成本低廉</effect>、<effect>结构简单的优点</effect>。	(-1, -1, -5)

首先，将三元组(-1，-1，-5)用于该作者关于显示器的其他专利，即将该作者的最后一个句子从最后一个分句开始的倒数五个句子标注为功效性句子，接着人工过滤掉非专利功效的句子，之后再抽取这些功效句子的功效搭配。例如在图6.9的协同训练示例中，抽取了五组搭配"降低+电压""过程+稳定""制作+简单""成本+低廉""结构+简单"。其中的"降低+电压"在该作者的另外一个专利号为200610107286.4的专利中命中了功效

分句"能够进一步降低栅极结构的工作电压",根据边界链式抽取规则,可以将两个功效分句之间的句子也标记为功效分句,即"提高碳纳米管阴极的电子发射效率,有助于提高整体器件的显示亮度和分辨率"也被标注为新的功效分句,接着也可以抽取新的搭配"提高+效率""提高+亮度""提高+分辨率",用于下一次的功效句抽取。

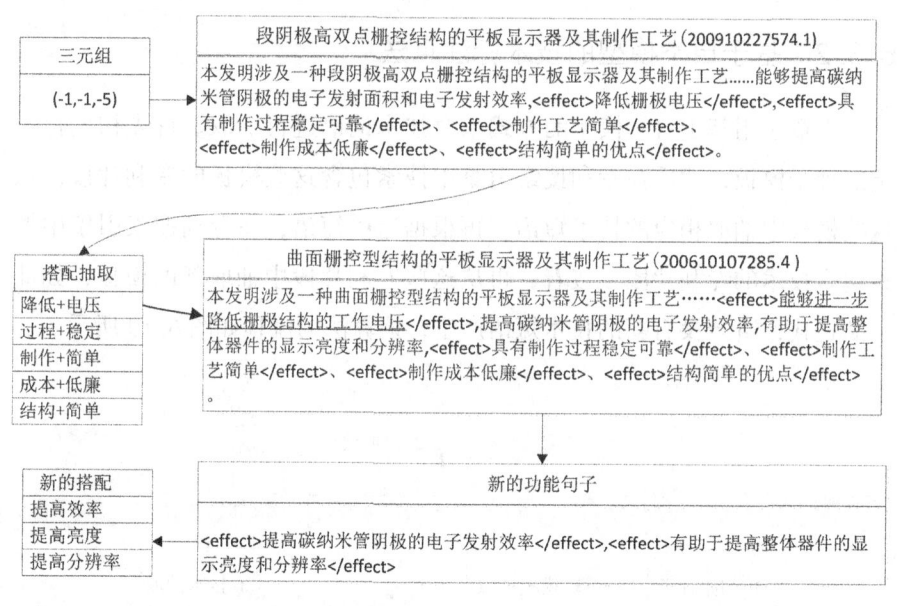

图 6.9 协同训练功效抽取示例

6.3 专利技术标注

6.3.1 专利技术标注的概念

定义 6.12 技术模板

技术模板是专利中阐述表示技术的固定搭配,例如:"采用<technology>方法",其中的<technology>代表的是一个技术短语,也是本章需要抽取的部分。技术模板通常由两个部分组成,前面的部分称其为"模板前缀",例如前面例子中"采用"即为模板前缀,后面的部分称其为"模板后缀",例如"方法"为上例模板中的后缀。

定义 6.13 技术短语

技术短语表示该专利中所采用的技术,它通常由名词性短语构成,例如"加权最近邻算法"。

6.3.2 基于自举模型的技术标注算法

本章采用基于自举模型的方式来对技术词语进行抽取。首先初始化一定的种子模板,然后在专利搜索引擎中搜索包含这些模板的专利片段,从这些模板中抽取相应的技术短语,再根据这些短语,在专利搜索引擎中搜索包含技术的专利片段,接着,再从这些专利片段中抽取新的模板,如此不断迭代,直至没有新的技术短语产生,该算法的流程如图 6.10 所示。

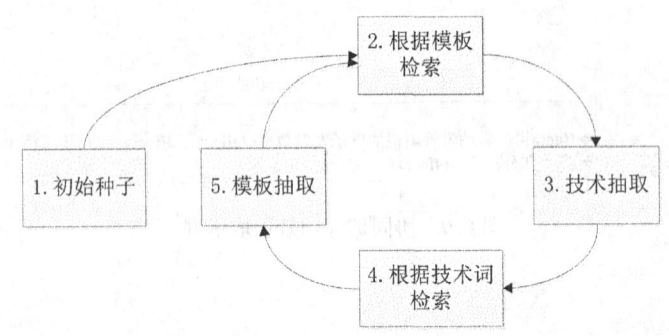

图 6.10 基于自举模型的专利技术抽取方法

该方法的具体过程如算法 6.6 所示。

Algorithm 6.6: Technology Keyword Extraction
Input: n templates and m patents not annotated
Output: technology keywords

续表

Algorithm 6.6: Technology Keyword Extraction

1. pattern [ ]$_n$ = patternSeedSelection( );
2. technologySnippets [ ] = search(pattern [ ]$_n$);
3. technology [ ] = extractTechnology(technologySnippets [ ]);
4. patternSnippets = search(technology [ ]);
5. patterns [ ] = extractTechnology(patternSnippets);
6. Go to Step 2 until no new Technology keywords;

算法6.6的步骤1选择n个模板作为初始的种子；步骤2检索包含这些模板的专利，将与模板匹配的地方标记为技术片段；步骤3从上一步中的技术片段中抽取出技术短语；步骤4以步骤3中的技术短语为检索词，去检索包含这些技术短语的专利，将匹配的片段标记为模板片段；步骤5抽取出模板片段中的模板；步骤6返回到步骤2，重复执行下面的步骤，直到m个专利集合中再没有新的技术短语产生。算法执行过程中产生的所有技术短语的集合即为算法的输出。下面将介绍步骤2~5四个步骤的具体实现方法。

(1) 技术模板检索。

通过初始的种子技术模板命中技术片段，再对通过技术片段进行技术的抽取，其过程如图6.11所示。

(2) 技术抽取规则。

在从专利技术片段抽取专利技术短语过程中，会出现中心语提取、词性过滤和并列成分识别等问题，为此设计了一套技术抽取规则。

规则1　中心语提取

如果在技术模板的前缀和后缀之间出现了"的"这个字，则认为"的"字前面的为技术修饰成分。"的"字后面的为技术中心语成分。例如"采用计算机远程控制下的数码照相技术"，其中"计算机远程控制下"为技术修饰成分，"数码照相"为技术的中心语成分，是需要被抽取的技术短语。

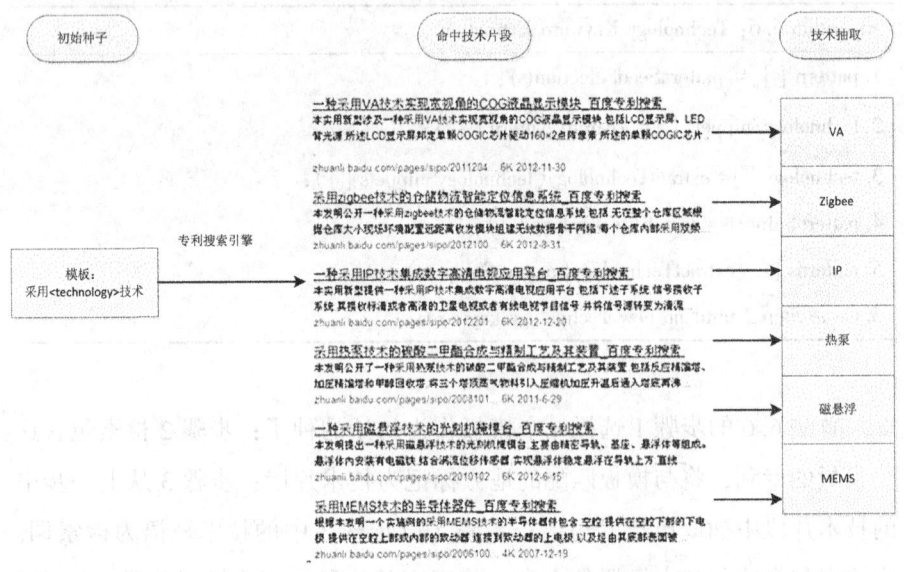

图 6.11　基于自举模型的专利技术抽取示例

规则 2　词性过滤

通过对技术模板的前缀和后缀之前出现词进行词性的标注,对于其中只有一个词并且为代词或者助词的情况进行过滤,例如专利文摘中包含"采用上述方案""基于的技术",这两个片段模板之间的词只有一个且分别为代词和助词,对于这种情况不抽取该模板之间的任何词作为技术短语。

规则 3　并列成分提取

通过识别模板之间的连词,对于其中的并列成分进行识别,分割成多个技术短语,例如专利文摘中包含"采用数字化隔离和调理技术",将"和"周围的两个词作为两个技术词进行标注。

规则 4　专有名词的提取

在专利中经常会出现英文的专有名词,其特征表现在由大写英文字母表示,例如下面一篇专利号为"201120270457"的基于蓝牙采集的车载远程智能诊断终端专利。

本实用新型提供了一种基于蓝牙采集的车载远程智能诊断终端,其特征在于:包括 ARM 控制模块、CAN 总线数据采集模块、蓝牙模块、GPS 模块、GSM 模块以及 OBD 接口;所述 CAN 总线数据采集模块、蓝牙模块、GPS 模块、GSM 模块均与所述 ARM 控制模块连接;所述 OBD 接口与所述 CAN 总线数据采集模块连接;其 ARM 控制模块是采用 S3C2410 芯片。本实用新型通过 CAN 总线数据采集模块和蓝牙模块,实时读取汽车故障码与传感器数据,并将这些数据通过 GSM 模块传输到远程诊断与维修平台,通过平台的强大处理能力,判断车辆的健康状态,并将车辆状态信息通过 GPS 模块和 GSM 模块向车主反馈。

在该专利中,ARM 控制模块、CAN 总线数据采集模块、GPS 模块、GSM 模块、OBD 接口、S3C2410 芯片都可以作为技术词。由于这些技术词周围并没有明显上下文规律,于是就采用这些词本身的大小写特征作为它们的抽取规则。

(3) 技术词检索。

基于技术词的检索需要分为两种方式:①前缀+技术词:例如"采用+IP";②技术词+后缀:例如"IP+技术",我们并没有选择技术词作为下一步的检索输入,这是因为直接将技术词作为下一步输入会发现很多并不是技术型的子句,例如专利文摘中包括"一种 IP 地址分配的方法及设备"。如果抽取 IP 周围的词作为模板,会得到"一种<technology>地址""为<technology>v4v6"这种类似的检索结果,显然这两个模板不是表示技术的模板,在下一步检索中(也就是算法 6.6 的步骤 6)中会出现自举模型常见的语义漂移(Sematic Shifting)的问题,降低算法的准确率。在本章中选择加入前后缀的方式就是为了提高模板抽取的准确度。

(4) 技术模板提取。

在技术模板提取中,会根据上一步技术检索命中的片段进行分析,分析其命中技术的前一个词,例如在图 6.12 中"Zigbee 技术"前面的词为"基于",于是本章产生新的模板"基于+<technology>+技术",用于下一次的检索。

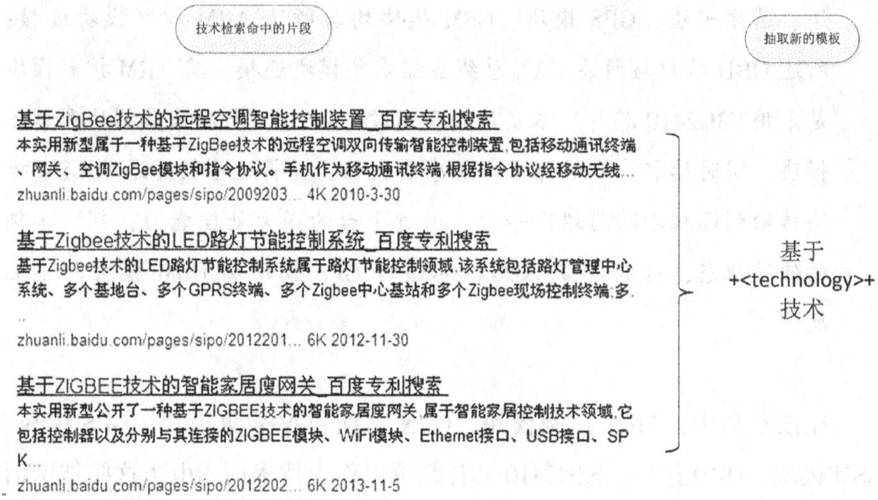

图 6.12 模板抽取示例

在某些情况下,离技术词最近的一个词并不一定是正确的模板前缀,例如在专利文摘中包括"基于尾气流量控制热泵技术",离检索词"热泵技术"最近的一个词是"控制",本章中是根据召回率对抽取的模板进行排序,由于在之后的"基于+<Technology>+技术"所命中的片段远比"控制+<Technology>+技术"的片段多,所以选择"基于+<Technology>+技术"作为下一次抽取的模板。

考虑到目前百度专利已经停止服务,下面给出基于 patenthub 的自举抽取方案,Patenthub(https://www.patenthub.cn)是专业致力于知识产权大数据服务,其检索界面如图 6.13 所示,该平台主要以专利信息智能检索、统计分析、自动化分析报告、专利管理、竞争监控、年费监控、数据定制等几大模块组成,能从不同程度满足研发生产企业和专利代理机构的多种需求。

Patenthub 为用户提供 API 检索接口,对于不同的版本,其每天检索的

6.3 专利技术标注

图 6.13 专利汇检索界面

限制不同,其具体检索体系如表 6.3 所示。

表 6.3

接口名称	接口 URL	接口说明	免费版本（仅用于测试）	精英版本	旗舰版本
	API 列表		接口检索次数限制		
搜索接口	/api/s	该接口提供对专利的检索功能,用户输入想要查找的关键词或者符合语法规范的短语即可对专利数据进行检索。	30 次/天	1000 次/天	2000 次/天
专利基本信息接口	/api/patent/base	该接口提供对单个专利的基本信息的查询功能。	50 次/天	10000 次/天	20000 次/天

通过调用其 api 可以多次访问其检索结果,下面介绍基于 patenthub 的具体代码。

169

```python
import requests
import re
import pandas as pd
import csv
from pyhanlp import *
HanLP = JClass('com.hankcs.hanlp.HanLP')
requests.packages.urllib3.disable_warnings()
#根据初始模式进行搜索
def Pattern_search(pattern):
    url='https://www.patenthub.cn/api/s?ds=cn&q=applicationDate:[2010 TO 2020] AND ipc:H04M AND title:("'+pattern[0]+'" AND "'+pattern[1]+'")&t=4d4cea0800efd82bce64095b1438fa70a472c9b5&v=1&ps=50&p=1'
    json_str=requests.get(url)
    json_data=json_str.json()
    df=pd.DataFrame(json_data['patents'])
    titles = df.loc[:,['id','title','type','applicationDate','inventor','ipc','summary']]
    titles.to_csv('技术抽取数据//'+pattern[0]+pattern[1]+'.csv',encoding='UTF-8',index=None,mode='a',header=False)
    while json_data['nextPage']!=-1:
        url='https://www.patenthub.cn/api/s?ds=cn&q=applicationDate:[2010 TO 2020] AND ipc:H04M AND title:("'+pattern[0]+'" AND "'+pattern[1]+'")&t=4d4cea0800efd82bce64095b1438fa70a472c9b5&v=1&ps=50&p='++str(json_data['nextPage'])
        json_str=requests.get(url)
```

```
        json_data=json_str.json()
        df=pd.DataFrame(json_data['patents'])
            titles = df.loc [:, ['id', 'title', 'type',
'applicationDate','inventor','ipc','summary']]
            titles.to_csv('技术抽取数据//'+pattern[0]+
pattern[1]+'.csv',encoding ='UTF-8',index=None,mode='a',
header=False)
```

```
#初始模式搜索结果读取
def Pattern_Result(pattern):
    tec_data=[]
    with open('技术抽取数据//'+pattern[0]+pattern[1]+
'.csv',encoding='utf-8') as csvfile:
        csv_reader = csv.reader(csvfile)   #使用
csv.reader读取csvfile中的文件
        for row in csv_reader:
            tec_data.append(row)
    return tec_data
```

基于模式的技术词提取放入如下：

```
#技术词语摘取
def extractTechnology(tec_data,pattern):
    tec_sets=set()
    for t in tec_data:
        t_lists=[]
        result = re.search(pattern[0]+'(.*?)'+
pattern[1],t[1])
        if result!=None:
            tec_p=result.group(1)
```

```python
                index1=tec_p.find("的")
                if index1!=-1:
                    tec_p=tec_p[index1+1:]
                terms=HanLP.segment(tec_p)
                flag=False
                for term in terms:
                    if str(term.nature)=="cc":
                        flag=True
                        index2=tec_p.find(term.word)
                        if index2!=-1:
                            t_lists.append(tec_p[:index2])
                            t_lists.append(tec_p[index2+1:])
                            tec_sets.add(tec_p[:index2])
                            tec_sets.add(tec_p[index2+1:])
                if flag==False:
                    t_lists.append(tec_p)
                    tec_sets.add(tec_p)
                t.append(t_lists)
    return tec_data,tec_sets
```

根据技术词,再次抽取新的模板的方法如下:

```
#抽取新的模板
def extractPattern(flag,pat_data,pattern):
    con=set()
    for pd in pat_data:
        terms=HanLP.segment(pd[0])
#         print(terms)
        if flag==0:
            for i in range(0,len(terms)):
```

```
                term=terms.get(i)
                if term.word.endswith(pd[1][-1]):
                    if i+1!=len(terms):
                        ew=terms.get(i+1)
                        if str(ew.nature).startswith("v") or str(ew.nature).startswith("p"):
                            if len(ew.word)>1:
                                con.add((pattern[0],ew.word))
                            break
        else:
            for i in range(0,len(terms)):
                term=terms.get(i)
                if term.word.startswith(pd[1][0]):
                    if i!=0:
                        ew=terms.get(i-1)
                        if str(ew.nature).startswith("v") or str(ew.nature).startswith("p"):
                            if len(ew.word)>1:
                                con.add((ew.word,pattern[1]))
                            break
    return con
```

再次进行新的搜索的代码如下：

```
def New_Pattern_search(pattern,datas):
    pattern_data=set()
    for data in datas:
        tec_sets=set()
```

```
            if data[7]! ='':
                for s in data[7].split(","):
                    tec_sets.add(s)
            result = re.search(pattern[0]+'(.*?)'+ pattern[1],data[1])
            if result! =None:
                tec_p=result.group(1)
                index1=tec_p.find("的")
                if index1! =-1:
                    tec_p=tec_p[index1+1:]
                terms=HanLP.segment(tec_p)
                flag=False
                for term in terms:
                    if str(term.nature).startswith("c"):
                        index2=tec_p.find(term.word)
                        if index2! =-1:
                            flag=True
                            pattern_data.add(tec_p[:index2])
                            pattern_data.add(tec_p[index2+1:])
                            tec_sets.add(tec_p[:index2])
                            tec_sets.add(tec_p[index2+1:])
                    if str(term.nature).startswith("v"):
                        flag=True
                        index3=tec_p.find(term.word)
                        tec_sets.add(tec_p[:index3])
                        pattern_data.add(tec_p[:index3])
                        break
```

```
            if flag==False:
                tec_sets.add(tec_p)
                pattern_data.add(tec_p)
            data[7]=(",".join(tec_sets))
    return pattern_data,datas
```

初始化种子，进行首次搜索的代码如下：

```
seeds_pattern=[("基于","技术"),("采用","方法"),("结合","方法"),("基于","实现"),("利用","进行")]
for seed in seeds_pattern:
    seed=seeds_pattern[index]
    #根据初始种子搜索
    Pattern_search(seed)
    #读取数据
    tec_data=Pattern_Result(seed)
    #利用抽取数据标题中的技术词
    tec_data,tec_sets=extractTechnology(tec_data,seed)
    #根据技术词+模式进行搜索
    Pattern_Technology_search=Pattern_Technology_search(seed,tec_sets)
    tec_data=Pattern_Technology_result(seed)
    #抽取新的模板
    pattern_data,tec_data=New_Pattern_search(seed,tec_data)
    for pattern in pattern_data:
        if pattern not in seeds_pattern:
            seeds_pattern.append(pattern)
train_datas=[]
```

```
with open("技术抽取数据//data.csv",encoding='utf-8')
as file:
    csv_reader=csv.reader(file)
    for row in csv_reader:
        row[1]=row[1].upper()
        train_datas.append(row)
```

根据初始模式获取技术词的代码如下：

```
#根据初始模式获取到技术词
def Pattern_search(pattern,datas):
    pattern_data=set()
    for data in datas:
        tec_lists=[]
        result = re.search(pattern[0]+'(.*?)'+pattern[1],data[1])
        if result! =None:
            tec_p=result.group(1)
            index1=tec_p.find("的")
            if index1! =-1:
                tec_p=tec_p[index1+1:]
            terms=HanLP.segment(tec_p)
            flag=False
            for term in terms:
                if str(term.nature).startswith("c"):
                    index2=tec_p.find(term.word)
                    if index2! =-1:
                        flag=True
                        pattern_data.add(tec_p[:index2])
```

```
                    pattern_data.add(tec_p[index2
+1:])
                        tec_lists.append(tec_p[:
index2])
                    tec_lists.append(tec_p[index2
+1:])
            if flag==False:
                tec_lists.append(tec_p)
                pattern_data.add(tec_p)
            data.append(",".join(tec_lists))
    return pattern_data,datas
```

根据技术词+部分模式得到数据的代码如下：

```
#根据技术词+部分模式得到数据
def Pattern_Technology_search(tec_data,train_datas,
pattern):
    pat0_data=[]
    pat1_data=[]
    for data in train_datas:
        tec_sets=set()
        if len(data)!=7:
            for s in data[7].split(","):
                tec_sets.add(s)
        for tec in tec_data:
            if data[1].find(tec+pattern[1])!=-1 and
data[1].find(pattern[0])==-1:
                tec_sets.add(tec)
                pat1_data.append((data[1],tec))
```

```python
                    if data[1].find(pattern[0]+tec)!=-1 and data[1].find(pattern[1])==-1:
                        tec_sets.add(tec)
                        pat0_data.append((data[1],tec))
                if len(data)!=7:
                    data[7]=(",".join(tec_sets))
                else:
                    data.append(",".join(tec_sets))
    return train_datas,pat0_data,pat1_data
```

抽取新的模板的代码如下:

```python
#抽取新的模板
def extractPattern(flag,pat_data,pattern):
    con=set()
    for pd in pat_data:
        terms=HanLP.segment(pd[0])
#        print(terms)
        if flag==0:
            for i in range(0,len(terms)):
                term=terms.get(i)
                if term.word.endswith(pd[1][-1]):
                    if i+1!=len(terms):
                        ew=terms.get(i+1)
                        if str(ew.nature).startswith("v") or str(ew.nature).startswith("p"):
                            if len(ew.word)>1:
                                con.add(ew.word)
                    else:
```

```
for i in range(0,len(terms)):
    term=terms.get(i)
    if term.word.startswith(pd[1][0]):
        if i! =0:
            ew=terms.get(i-1)
            if str(ew.nature).startswith("v") or str(ew.nature).startswith("p"):
                if len(ew.word)>1:
                    con.add(ew.word)
return con
```

基于 patentHub 的检索案例如图 6.14 所示。

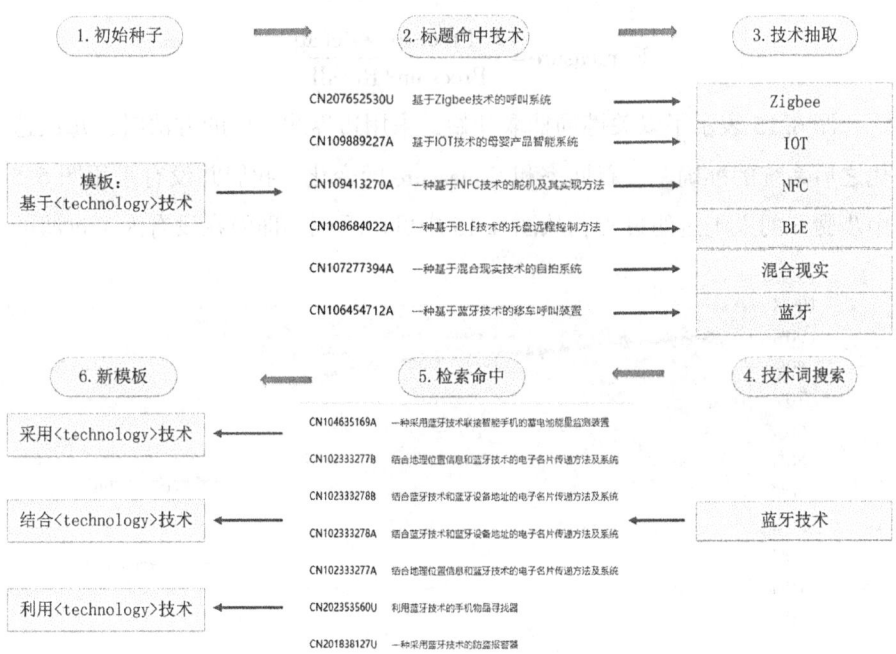

图 6.14 基于 Patenthub 的检索案例

6.4 语义标注实验结果与分析

6.4.1 功效标注实验分析

我们从中国专利局下载约 2 万条专利数据用来评测专利技术功效标注的准确率和召回率,本章的实验环境为:Windows XP 操作系统,CPU 频率为 2.10GHz,内存为 2 GB,本章主要的评价标准为准确率(Precision)、召回率(Recall)和 F-measure,其定义如下:

$$Recall = \frac{被正确抽取的分句数量}{应该被抽取的分句数量}$$

$$Precision = \frac{被正确抽取的分句数量}{系统抽取的分句数量}$$

$$F\text{-measure} = \frac{2 \times Precision \times Recall}{Precsion + Recall}$$

图 6.15 表示了以关键词抽取开始,采用边界式抽取的方法时,每次迭代之后系统的准确率、召回率和 F-measure 的变化,我们并没有采用图 6.5 中步骤 6 的人工过滤过程,从图 6.15 中可以看到,即使在没有人工过滤的

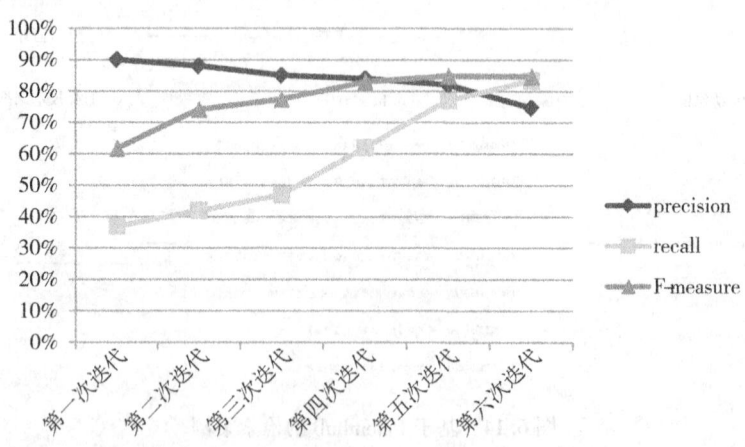

图 6.15 基于协同训练的功效抽取实验结果

情况下，召回率在不断的升高时，准确率并没有太多的下降。当然，如果对于每次迭代中都加入了人工过滤的过程，其准确率为100%，这样可以保证在下一步的热点分析时有高精度的基础数据。

表6.4表示了四种以不同的初始化和抽取方法得到的准确率和召回率，其中效果最好的为以关键词抽取开始，采用边界句式的抽取方法。

表6.4　　　　以不同的抽取方法对协同训练产生的效果

种子选择+抽取方式	Precision	Recall	F-measure
以关键词抽取开始+边界式链式抽取	74.64%	83.40%	78.78%
以关键词抽取开始+并列句链式抽取	68.43%	66.62%	67.00%
以链式抽取开始+边界式链式抽取	65.37%	82.92%	73.11%
以链式抽取开始+并列句链式抽取	73.00%	61.33%	66.66%

我们采用有导机器学习的方法需要标注5000多条数据作为训练数据，而协同训练的数据初始仅有50条。在人工参与方面，5000条专利的阅读时间按照每两分钟阅读一篇专利，大约需要10000分钟，而协同训练过程中，只需要判断被标注的功效句周围的是否为功效句，平均每篇专利阅读的时间只需要15秒，2万条专利的阅读时间仅需要5000分钟，节省了50%的人工参与。

在本章中采用协同训练方法中有两种链式抽取的方法，一种是边界抽取，该方法认为在两个功效分句之间的分句也是功效性分句。但在实验过程中也发现一些特例，例如对于专利号为201120327654的文摘片段：

该笔架由于采用铝板制成，<effect>具有稳定性好</effect>，<effect>而且不占地方</effect>，同时由于在下圆盘上可以防止砚台，<effect>可以收集毛笔上掉下来的墨汁</effect>，另外由于毛笔设有磁铁，<effect>吊起来很方便</effect>。

当命中"具有稳定性好"和"吊起来很方便"这两个功效性分句时，根据边界抽取规则，我们会将其间的都标注为功效新分句。但实际上，该专利的功效性句子并没有连接起来，在"同时由于在下圆盘上可以防止砚台，<effect>可以收集毛笔上掉下来的墨汁</effect>，另外由于毛笔设有磁铁，<effect>吊起来很方便</effect>"该片段中，它们的功效描述方式为一句描述语句附带上一句功效语句，这种情况下，我们很难通过标记一句来链式抽取另外一句，这种情况在标注中约占5%。

本章中的第二种链式抽取是并列句抽取，通过连词（如并且、而且）来判断并列句的，但在实验中，存在一些通过顿号和逗号，甚至是分号的表示并列句的情况，例如对于专利号为201020293161的文摘片段：

<effect>本实用新型解决了现有显示器转轴结构的生产装配问题</effect>，<effect>大大提高生产效益</effect>，<effect>降低了成本</effect>，成为市场竞争的一大优势；<effect>同时使其性能更加稳定</effect>，<effect>延长了转轴的使用寿命</effect>，<effect>避免了轴套在装配时容易滑掉</effect>，<effect>具有使用方便</effect>、<effect>结构简单</effect>和<effect>装备方便的优点</effect>，<effect>提高了产品的质量</effect>。

该句中虽然没有并列连词，但是"大大提高生产效益"和"降低了成本"实际上是并列成分，"具有使用方便"和"结构简单"也是并列成分，这些并列成分分别采用了逗号和顿号的方式分割，但单独从分割标点很难判断出其是否为并列成分，并不是所有的逗号或者顿号都表示并列，例如，在中文中，顿号既可以如上文中的功效短语之间的并列，也可以表示修饰成分之间的并列，如专利号为201210261659.3的专利文摘片段中：

克服了现有技术中立体显示全息分光器件中图像串扰、对比度低，以及三维显示分光屏制作工艺复杂的问题。

"克服"实际上修饰了"图像串扰"和"对比度低"以及"三维显示分光屏

制作工艺复杂的问题"三个部分,但不能因为"克服图像困扰"是功效性短语,就将"对比度低"也作为功效性短语。

6.4.2 技术标注实验分析

对于基于自举模型的技术抽取的方法,我们采用同样的数据集对其抽取技术短语,图 6.16 表示了六次迭代后技术抽取的准确率、召回率和 F-measure 的变化,相比功效抽取,技术抽取的准确率下降较大,在多次迭代后容易产生语义的漂移。

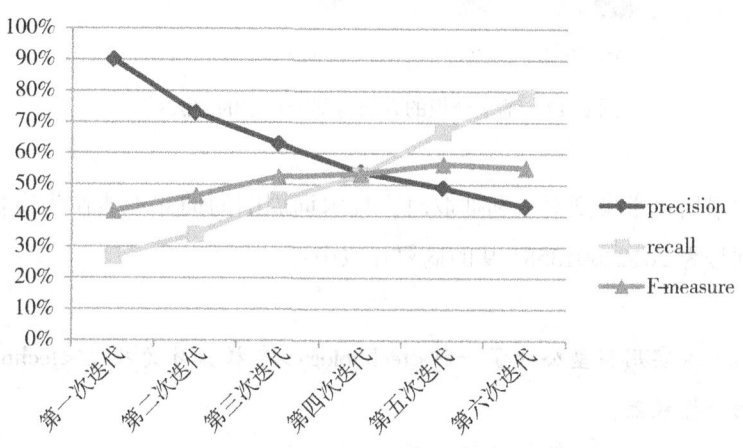

图 6.16　基于自举模型的技术抽取实验结果

我们自定义了 10 个包含技术关键词的规则,并与基于自举模型的方法进行对比。从图 6.17 中可以看出,在准确率方面,基于模板的方法比基于自举模型的方法高,这是因为自举模型在多次迭代后准确率会有比较明显的下降,而基于模板的方法仅仅用模板检索一次。在召回率方面,采用自举模型方法明显比基于模板方法高,实际上,在专利检索与分析中,召回率有时比准确率更加重要,这是因为如果一个分句被标记错误,专利检查员可以很容易发现其错误,而对于漏掉标记的专利审查员很可能需要往回阅读整个专利文献。

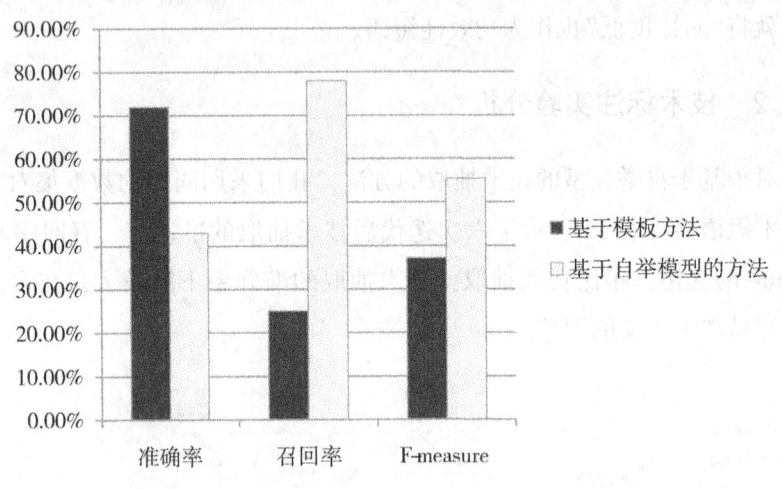

图 6.17 基于模板的方法与基于自举的方法对比

在采用自举模型对专利抽取时,技术词周围的词并不能作为模板,例如专利号为 201220013581.9 的摘要片段中:

本实用新型公开了一种<technology>车载蓝牙免提</technology>影音播放器。

由于"车载蓝牙免提"是一种技术,会形成模板:
一种+<technology>+影音播放器
但显然这种模板并不是专属于技术的,如采用该模板抽取的"本实用新型公开了一种拐杖式影音播放器"中的"拐杖式"只能是一种专利的外在特征,而不能作为技术。
类似的还有通过"一种<technology>磁悬浮</technology>洗手盆"抽取的"一种+<technology>+洗手盆"。这种情况因为模板泛化而导致的语义漂移在多次迭代后越来越明显。目前只能通过每次迭代过程中都人工检查模板,过滤掉这些模板的方法来保证抽取的准确性。

第 7 章
基于支持向量机的高质量专利预测

高质量专利预测就是试图从大量专利中，挖掘出核心的，有价值的专利，提供给企业研究。对于新近公开的专利，它们的引文数量较少，并且很多中文专利并不具有引文数据，因此，使用传统的基于引文的方式不太适合用来判断一篇专利是否是高质量专利。本章提出一种利用支持向量机和专利内在因素来衡量专利热度的方法，来预测一篇新公开的专利在未来是否可能成为高质量专利。这种方法通过分析已知的高质量专利内在特征，包括领域趋势特征、发明人特征、专利复杂度、覆盖范围、专利原创度和词语特征，利用支持向量机，学习出各因素的权重，实现对新近公开的专利是否为高质量的评测。在此基础之上，利用高质量专利发明人和热点专利代理人对专利质量的影响，对质量的计算进行一定的微调和优化。本章的高质量专利预测方法还能应用在其他方面。例如，它可以被用来预测未来的技术发展方向，可以被用于企业及其竞争对手的竞争力分析，来分析哪些企业拥有具有影响力的知识产权等。

企业可以通过购买或者支付专利许可费的方式来获得专利的使用权，通过这些专利掌握到新的技术，用以开发他们的新产品。那么，如何选择合适的和高质量的专利对企业的发展至关重要。高质量专利预测就是试图从大量专利中，挖掘出高质量的专利，提供给企业研究与交易。专利质量预测关键在于"早"，越早地发现潜在的高质量专利就越能够越早地占领市场。

专利为政府和企业的研究开发活动提供大量的唯一并且有价值的技术信息。近年来，随着专利出版的不断增长，如何量化一个专利的质量成为研究关注的问题。传统的评估专利的质量大多是靠人工来阅读、分析和估量,这不仅浪费时间、金钱、人力,评估的结果还很主观,准确率不高。

在本章中,我们从多个维度选择专利的内部特征,基于这些特征以及专利的历史数据训练出各个特征的权重,用于预测一些较新的专利是否为高质量专利。与传统的基于高质量的专利发现方法不同的是,我们的目标是预测未来可能成为高质量的专利,这些专利虽然可能被引用的次数较低,但它们却拥有高质量的内部特征。

7.1 相关工作

专利质量分析是与热点专利预测相关的一种研究内容,它是指分析一篇专利文档的价值,评估其质量,事实上热点专利也是一种高质量的专利。最初,专利质量分析是根据专利的引文数量来计算的,CHI 给出了专利引次数,如表 7.1 所示。

表 7.1 CHI 的专利引证指标体系

指标名称	指标描述	应用说明
引证指数 CI(citation index)	一个专利被后引的专利总数	该指数高,代表该技术越被大家认可,越可能是基础或者核心专利
即时影响指数 CII (current impact index)	一个企业前五年专利的当年被引次数除以系统中所有专利前五年专利的当年被引用次数的平均值	当 CII 与平均值相等时,当前影响指数等于1,当该指数大于1,则该技术有较大影响力,反之,如果小于1,则影响较小
技术强度 TTS (Total Technology Strength)	专利数量×当前影响指数(CII)	通过专利数量在质方面的加权,评估公司专利的技术组合力量

续表

指标名称	指标描述	应用说明
科学关联性 SL（Science Linkage）	一个企业专利平均引证的科研学术论文或研究报告数量	评估某专利技术创新和科学研究之间的关系
技术生命周期 TCT（Technology Cycle Time）	通过计算企业专利所引证专利集合年龄的中位数来判断技术生命周期	评估企业创新速度，如果 TCT 较小，代表研发周期越短，科研创新速度快

但基于引文的专利质量分析在当专利被引证数量很少的情况下不太适用，尤其是新的专利文献往往还没有建立起专利引文记录。于是学者开始研究专利的内部特征如何影响专利的质量。Mohammad Al Hasan 提出基于关键词判断专利质量，不同于传统的 TF∗IDF 方法，专利的关键词权重由两方面决定：一是该词的影响力，即该词在其他专利中出现的次数越高，则质量权重越高；二是该词的年龄，该词年龄越小，越新颖，其质量权重越高。即如果词 T 在短时间中词频快速地增长，则赋予它更高的权重。如果一个专利包含大量的词 T，则该专利为高质量专利，但这种方法只能衡量专利质量的因素较少，其准确率并不高。

美国伊利诺伊大学厄巴纳香槟分校的 Xin Jin 研究专利的发明人、代理人、新颖性、撰写质量以及复杂性对专利是否续费进行研究。Xin Jin 认为质量高的专利才值得为其支付下一阶段的专利维护费。文中采用有导机器学习方法对专利的质量进行预测，将已支付专利维护费的专利作为训练集，抽取专利的内部特征。该文将是否支付维护费视作二值分类问题，通过决策树获得各特征的权重，最终实验结果表明，对专利影响因素最大的是发明人和该专利当年的发明趋势。该文的质量是根据的专利是否需要提供专利维护费，但专利维护费周期较长，并不能反映最新的高质量专利。

Hido Shohei、Kashima Hisashi 等人为了预测专利申请是否会被批准，采用有导机器学习中的线性回归模型来预测专利质量。Trappey 等人给出了一个为英文专利评估质量的方法。它选取 12 个专利特征作为评价专利质量的指标，这 12 个专利特征包括专利的申请日、公开日、国际分类号、美国专利分类号、前向引文、外国引文、后向引文、专利族、权利声明和技术循环周期等。利用主要成分分析法从这 12 个专利特征中筛选出重要的若干个特征，作为反向传播神经网络的输入，神经网络的输出为专利的质量。该方法比较准确，但是神经网络的训练时间较长。

在经济学领域，对高质量专利的最主要判断方法还是基于引文，目前被广泛用来评判一个专利是否与高质量专利的标准是基于前向引文的方法。它基于这样的一个假设：被引次数高的专利文献对于科技的发展有着重要的影响。考查专利的被引次数，Bretizman 定义了两种类型的热点专利。一种被称为是经典专利，是指那些自公开日起被大量引用的专利。例如，专利 System and Method for Ethernet to SCSI Conversion（专利号：US005491812）在十年内一共被引用了 57 次，被认为是计算机网络领域内的奠基技术。另一种热点专利是指那些被近些年公开的专利大量引用的专利。也就是说，它只考虑在一个特定时间段内的被引情况，而不是计算自公开日起被引用的次数。

总的说来，基于引文发现高质量专利的方式存在一个问题，它很难适用于新的专利的发现。这是因为，旧专利比新专利更有可能具有高的被引次数，它们有更长的时间去积累引文。而作为企业，关心的并不总是以前的高质量专利，而更多的是新的专利是否为高质量专利，以此尽快占领制高点。因此，本章将给出一个预测"未来"高质量专利的方法。与现有的工作相比，本章提出的高质量专利发现具有以下特点：

（1）不但能发现当前热点，还能预测未来的高质量专利。

（2）从多个方面衡量专利质量，提高预测的准确度。

（3）将引文和专利的其他特征综合考虑，将拥有引文的专利数据作为训练集，来预测没有引文信息的专利的热度。采用 SVM 模型计算复杂度并不会随着特征的维度而上升。

7.2 基于多维特征的高质量专利预测

系统的整体流程如图 7.1 专利预测流程图所示：首先连接专利检索接口下载专利。其次从专利中抽取元数据，基于这些元数据，选择六组特征，分别为：领域趋势、发明人特征、复杂度、覆盖范围、原创度和词语热度。再次，分析历史的高质量专利的特征，将专利转化为特征向量，采用有导机器学习框架学习到特征向量各个维度的特征权重。最后，预测新的专利是否为高质量专利，从而实现高质量专利的预测。

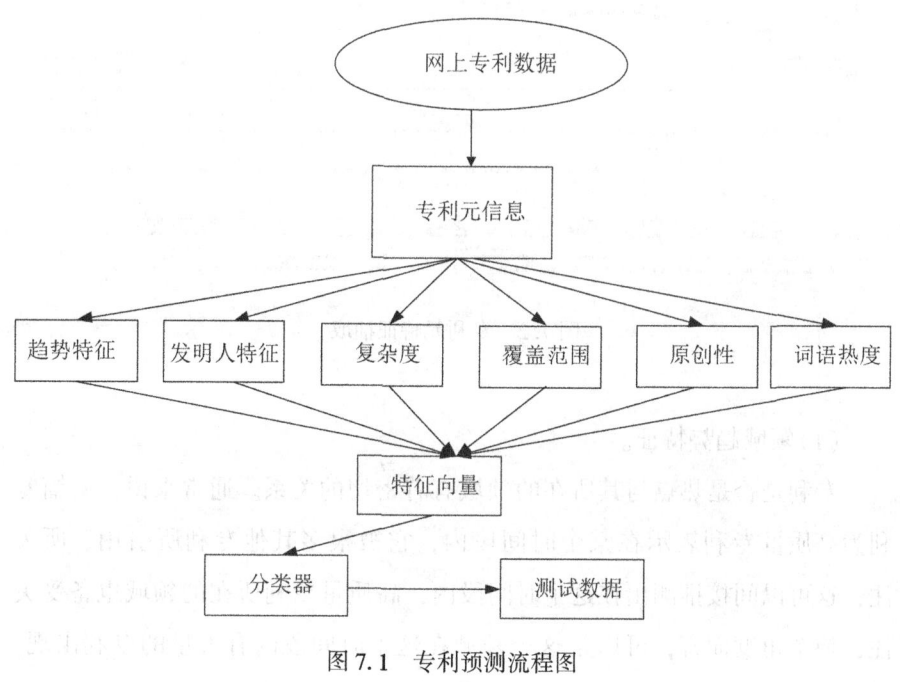

图 7.1 专利预测流程图

7.2.1 特征抽取和选择

计算专利的质量的一个关键是能否抽取出合适的专利特征。在本章中，我们首先将从 USPTO 专利库中检索出来的专利中提取出元信息，然后从这些元信息中抽取并选择六组特征。

首先我们抽取专利数据中的元信息，元信息是指专利文档中的原始信息，它们分别是专利发明人、代理人、公开年份、申请年份、美国专利号、国际专利号(IPC)、专利引文和专利权利声明以及专利摘要。这些信息在下文中分析六组特征时会被用到，因此首先需要将专利的元特征抽取出来。如图 7.2 专利元特征抽取所示，本书采用基于规则的方法从专利网页中将这些元特征抽取出来。

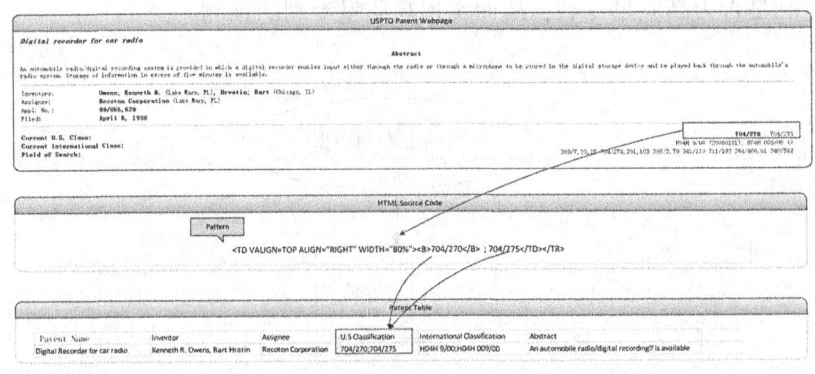

图 7.2 专利元特征抽取

(1) 领域趋势特征。

专利是否是热点与其所在的领域有着密切的关系。通常来说，一篇专利为高质量专利表示在某个时间段内，它被很多其他专利所引用、所关注，这可以间接推测出在这个时间段内，高质量专利所在的领域也备受关注，换个角度而言，可以是这个领域在这个时间段内有大量的专利出现。在此，我们来分析高质量专利与其所在领域之间的关系。

定义 7.1 领域

领域是指一个 IPC 分类号下所有专利代表的集合。

很显然，热点领域更有可能包含热点专利。并且，随着时间的推移，一个领域中的热点总在发生着变化。

定义 7.2 领域的趋势

一个领域的趋势定义为 $T = \{n_1, n_2, \cdots, n_m\}$，其中，$n_i$ 表示是在这个领域内，第 i 年的专利数量。

定义 7.3 趋势的峰值

趋势的峰值是指在我们考察的时间跨域内，发明专利最多的那一年的专利数量。用 $\max(T)$ 表示。为该领域的发明专利最多的一年的专利数量。即，$\max(T) = \max\{n_1, n_2, \cdots, n_m\}$。

定义 7.4 趋势特征

对于第 i 年而言，本章定义了两个趋势特征：

$$\text{trendOccupancy}_i = \frac{n_i}{\sum_{i=1}^{n} n_i}$$

$$\text{trendRatio} = \frac{n_i}{\max(T)}$$

趋势占有率 trendOccupancy 和趋势比例 trendRatio 都可以上从数值反映出第 i 年这个领域内的专利发展趋势。趋势占有率和趋势比例越高，代表那一年中的发明专利越多，所在的领域越受人们关注。定义这两个趋势特征是为了在下文中分析高质量专利与领域趋势变化之间的关系。对于有多个分类号的专利，我们可以计算其平均 IPC 趋势值。

（2）发明人特征。

由于一个专家比一个普通发明人更有可能发明高质量专利，因此需要分析高质量专利与发明人权威与否之间的关系。本章采用 H-index 的方法计算每个发明人的权重。

定义 7.5 H-index（H 指数）

如果一个发明人一共有 n 篇专利，其中有 h 篇专利的每篇被引次数都不少于 h，而另外 $n–h$ 篇论文每篇的被引次数都小于 h，则称这个发明人的 H-index 值为 h。

如图 7.3 所示，横轴代表该发明人的专利（也可以是论文），纵轴代表被引次数。可以看出，前 h 篇专利每一篇的引文数量都大于 h，而后面的专利每篇的引文数量都小于 h。所以 h 指数越高说明该发明人的发明数量和质量都比较高。

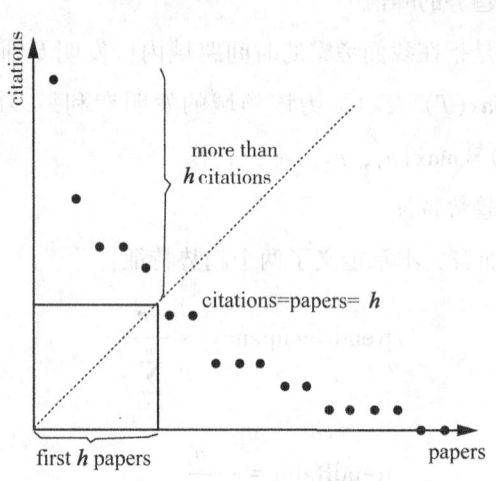

图 7.3　H-index 示意图

H 指数的计算方法包括三个步骤，如下所示：

（1）搜索一个作者的所有专利，假设专利总数为 n；

（2）根据他每篇专利的引文数量，对其发明的所有专利进行降序排列；

（3）顺序遍历这些专利，直到找到 H 指数，使得前面的 h 篇专利的引文数量都不少于 h，而后面的 $n-h$ 篇专利的引文数量都不超过 h。

可见，H 指数可以说明一个发明人的权威程度。H 指数越高，这个发明人越权威。而对于那些有多个发明人的专利，我们用下面的公式来计算与这个专利相关的发明人的权威指数。

$$\text{Hindex}(\text{patent}) = \sum_{i=1}^{n} \frac{1}{i} \times \text{Hindex}(\text{inventor}_i)$$

公式计算所有发明人的 H 指数的平均值。其中，inventor_i 代表该专利的第 i 个发明人，$\text{Hindex}(\text{inventor}_i)$ 表示第 i 个发明人的 H-index 值。

(3) 复杂度和覆盖范围。

在文献中,专利的复杂度和覆盖范围已经被认为是专利价值的两个重要指标。一般而言,包含较多权利声明的专利较复杂,表示它的技术越复杂,被保护的范围越大,越有可能占据核心位置;跨越多个 IPC 分类号的专利覆盖范围较广,表明它在多个领域中都可以运用,也更有可能是一篇高质量的专利。这一节定义专利复杂度和覆盖范围相关的特征,为下文分析它们与高质量专利之间的关系做准备。

我们通过分析专利权利声明的写作规范,归纳出两种类型的专利权利声明:一种是独立权利声明,另一种是从属权利声明,它从属于独立权利声明。如图 7.4 所示,定义了一些识别专利从属权利声明的模板,例如,{num1 * according to claim num2}、{num1 * of claim num2},星号代表任意字符,num1、num2 代表两个数字编号。这两个模板都表示声明 num2 是从属于 num1 的。此外,对于模式{num1 comprising},它意味着 num1 是一个独立权利声明。

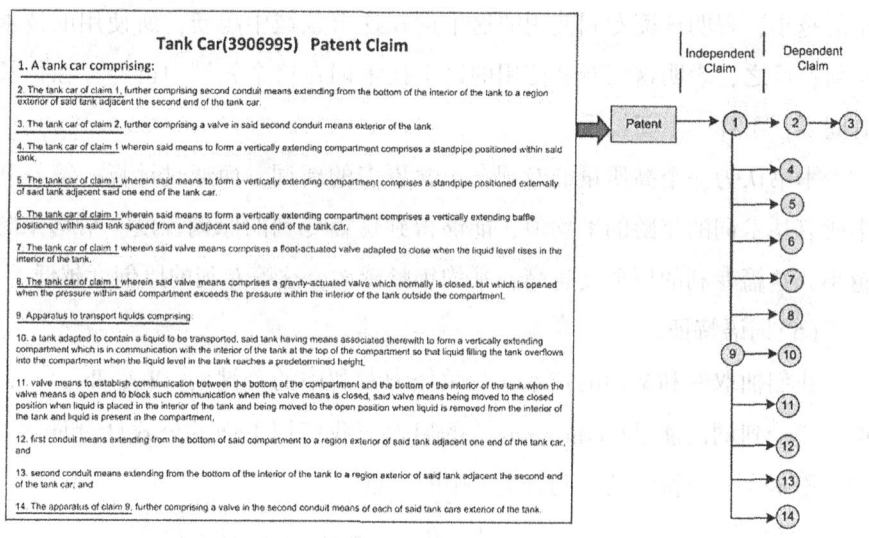

图 7.4 专利声明分解

在图7.4专利声明分解中，将一个专利的权利声明转化为树状结构。树的根节点是一个独立权利声明，而中间节点和叶子节点都是从属权利声明。我们抽取出两个与复杂度相关的特征：独立权利声明的个数和从属权利声明的个数。对于覆盖范围特征，本章视IPC分类号的个数为专利的覆盖范围特征。一个专利所拥有的IPC分类号越多，这个专利的覆盖范围广。

(4) 原创度。

高质量的专利更多地倾向于包括原创性的技术。为了获得这些原创性信息，我们首先利用第2章的方法抽取出专利中的技术关键词，对于一个给定的技术关键词，采用下列公式计算专利的词的年龄：

$$wordAge(word, class, patent) = patent_{year} - firstyear(word, class)$$

$patent_{year}$表示专利发表的年份，$firstyear(word, class)$表示词word首次在这个IPC类中出现的年份。之所以要选择一个特定的IPC分类号是因为专利中的技术名词在不同的领域可能会代表不同的意思。

这个公式计算的是在一个特定的领域中，一篇专利中某个词的年龄。年龄越小，表明这篇专利使用的这个词在这个领域中越新，所使用的技术越新；反之，表明这篇专利使用的这个技术词在这个领域中已经存在很长时间了，不算一个新技术。

本书认为一个高质量的专利会包含更多的新词，而通过计算一篇专利中所有技术词的年龄的平均值，能够得到这篇专利的原创程度。平均年龄越小，这篇专利的原创度越高；平均年龄越大，这篇专利的原创度越低。

(5) 词语特征。

我们抽取专利文摘的技术与功效作为专利中的关键词$\{W_1, W_2, \cdots, W_n\}$，受到词语能量(term energy)的启发，我们用下面的公式计算词语w和年份y在一个特定的专利分类c中的能量。

$$hotness(w, y, c) = \frac{(A+B+C+D) \times (AD-BC)^2}{(A+B)(C+D)(A+C)(B+D)}$$

其中A、B、C、D的意义如表7.2所示。

表 7.2　　　　　　　　　　词语热度定义表

	$w \in \text{year}$	$w \notin \text{year}$
$w \in \text{class}$	A	C
$w \notin \text{class}$	B	D

A 是指在年份 y 中，词语 w 在类别 c 中出现的次数；B 是指在年份 y 中，词语 w 在其他类别中出现的次数；C 是指在年份 y 外，词语 w 在类别 c 中出现的次数；D 是指在年份 y 外，词语 w 在其他类别中出现的次数。类似于专利原创度，对于包含多个关键词的专利，我们计算其专利的平均能量。

7.2.2　专利质量预测模型

我们通过抽取专利的引文信息，考察年份和发表年份，采用文献的方法定义获取高质量的专利。

定义 7.6　一个专利 p 满足：$R_i > C_i(Y_i - (N-48)/84)$ 并且 $R_i > 9$，则专利 p 是在年份 i 中的一个高质量专利。其中，R_i 代表的是专利 p 在第 i 年被引用的次数，C_i 代表的是专利 p 被引用的总次数，Y_i 代表专利 p 的发明年份，N 代表被考察的年份。

SVM 是目前最优秀的有导机器学习方法之一。它具有很高的学习效率，并且对训练的时间复杂度并不会随着训练实例的维度增加而增加，它采用了下面的线性回归模型：

$$y = \text{sign}(f(\boldsymbol{x})) = \text{sign}(w_1 x_1 + w_2 x_2 + \cdots + w_n x_n)$$

在训练过程中，当专利被视为高质量专利时，y 等于 1；当专利被视为不是高质量专利时，y 等于 -1。$\boldsymbol{x} = (x_1, x_2, \cdots, x_n)$ 是一个 n 维的属性向量，$\boldsymbol{w} = (w_1, w_2, \cdots, w_n)$ 是 $\boldsymbol{x}$ 中每一个元素的权重。$\text{sign}(m)$ 为符号函数，当 m 大于 0 时，$\text{sign}(m)$ 等于 1；当 m 小于 0 时，$\text{sign}(m)$ 等于 -1。当给定一个专利训练集合 $\boldsymbol{x}$ 和 y 时，SVM 训练算法可以找到最优的权重 $\boldsymbol{w}$ 使得目标函数最小化。

$$y = \sum_i \max(1 - y_i f(x_i), 0)$$

其中，$\max(1 - y_i f(x_i), 0)$ 为判断正确与否的误差。

下面分四种情况来解释这个公式：

情况一：当一个高质量专利 i 被预测为是高质量专利时，$y_i = 1$，$f(x_i) = 1$，误差为 0；

情况二：当一个高质量专利 i 被预测为不是高质量专利时，$y_i = 1$，$f(x_i) = -1$，误差为 2；

情况三：当一个不是高质量的专利 i 被预测为不是高质量专利时，$y_i = -1$，$f(x_i) = -1$，误差为 0；

情况四：当一个非高质量专利 i 被预测为是高质量专利时，$y_i = -1$，$f(x_i) = 1$，误差为 2。

因此，目标函数的取值为判断错误个数与 2 的乘积。

由于高质量专利的数量比非高质量专利的数量小得多，在我们训练集中只占 0.5% 的比例。考虑到这种训练数据的不平衡性，我们对高质量专利赋予更高的权重，对非高质量专利赋予较低的权重，因此我们修改了目标函数的定义。

$$y = \sum_i \beta_i \max(1 - y_i f(x_i), 0)$$

其中，β_i 是第 i 个训练数据的权重，按照反比的方式对它进行设置权重。针对我们的训练数据集合，对于正例（高质量专利），其权重设置为 $\beta_i = 1/0.005 = 200$；而对于负例（非高质量专利），其权重设置为 $\beta_i = 1/0.995 = 1.005$。这种处理方式称为 ICP（Inverse Class Proportion）。

值得注意的是，英文专利一般有引文数据，而中文专利只有很少的一部分有引文数据，所以，对于中文专利而言，不太适合使用定义 7.6 的高质量专利的定义来判断其是否为一篇高质量专利。因此，对于中文专利，应该采取的方法是：以包含引文的英文专利作为训练集，以一部分包含引文的英文专利和一部分不包含引文的中文专利作为测试集。

使用上文的基于 SVM 的方法后，我们得到了专利质量的一个初始排序，接下来，我们提出了一种发明人-代理人-专利的网络来对专利质量的排序进行一定的调整。这种网络结构反映了专利、专利发明人和专利代理人之间的关系。我们的方法来源于这样的一种直观的认识：一个领域内高质量发明人的专利更有可能成为一个高质量专利，一个代理过很多高质量专利的高质量代理人所代理的专利更有可能成为一个高质量专利。

基于这种认识，我们采用了一个多次迭代重排的两步骤方法。第一步：我们采用 SVM 的预测模型来计算专利的质量；第二步：我们用发明人-代理人-专利的传播网络来对专利质量重排。

在图 7.5 中，实心圆圈代表了高质量专利（例如 $P_1 \sim P_4$），空心圆圈代表了非高质量专利，例如 P_i，正方形代表了代理人（例如 $a1$、$a2$），三角形（例如，$i1$、$i2$）代表发明人。专利和代理人之间的连线代表了该专利为该代理人代理。专利与发明人之间的连线代表了该专利被该发明人所发明。在这个图中，代理人 $a2$ 被三个高质量专利所共享，发明人 $i2$ 被两个高质量专利共享。由于高质量发明人和高质量代理人拥有的专利更有可能是一个高质量专利，既然 P_t 被 $a2$ 和 $i2$ 共享，所以它很可能在第二步中被重排为一个高质量专利。

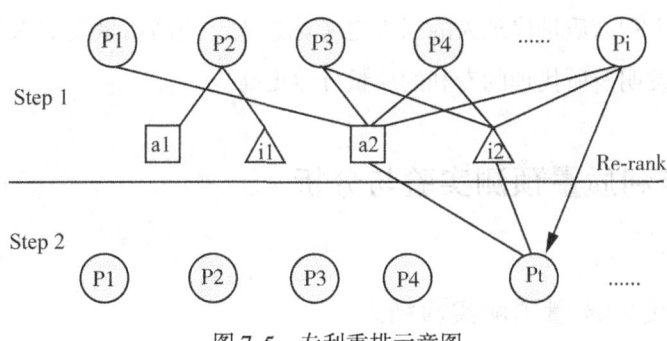

图 7.5 专利重排示意图

我们使用下面的公式对专利重新计算质量：

$$r'_{ij} = r_{ij}(1 + \delta_i + \varphi_j)$$

其中，r_{ij} 表示专利 p 在基于 SVM 的预测模型中计算得到的质量分数，

r'_{ij} 表示经过网络优化进行微调之后专利 p 的质量分数。i 为专利 p 的发明人集合，j 为专利 p 的代理人。项 δ_i 为专利发明人 i 的排名分数，项 φ_j 为专利代理人 j 的排名分数。它们的计算方式具体如下：

设一共有 m 篇专利，专利 p 一共有 n 个发明人，即 $|i|=n$，每个发明人的发明专利数分别是 $q_1, q_2, \cdots, q_n$，则专利 p 对应的发明人的发明专利平均数为 $(q_1+q_2+\cdots+q_n)/n$，依此方法计算每一篇专利对应发明人的发明专利平均数，分别为 $a_1, a_2, \cdots, a_m$，则专利 p 的发明人 i 的排名分数为：

$$\delta_i = \frac{a_i}{\max\{a_1, a_2, \cdots, a_m\}}$$

类似地，每一篇专利的代理人代理的专利个数分别为 $b_1, b_2, \cdots, b_m$，则专利 p 的代理人 j 的排名分数为：

$$\varphi_j = \frac{b_j}{\max\{b_1, b_2, \cdots, b_m\}}$$

因此，$r'_{ij} = r_{ij}(1 + \frac{a_i}{\max\{a_1, a_2, \cdots, a_m\}} + \frac{b_j}{\max\{b_1, b_2, \cdots, b_m\}})$。

这是在基于 SVM 的预测模型中计算得到的质量分数的基础之上，将高质量发明人和高质量代理人的因素也考虑进来，使高质量发明人和高质量代理人所发明及所代理的专利的质量分数更高。

7.3 专利质量预测实验与分析

7.3.1 专利质量预测实验结果

我们所使用的实验数据源是 USPTO 专利库中从 2000 年到 2012 年包含关键词"web"（网络）的所有专利，总数是 6928 条。

我们将 2000 年到 2010 年的专利作为训练集，而将 2011 年到 2012 年的专利作为测试集。我们将上文中介绍的 8 个特征分为 6 个组，如表 7.3

所示。本章使用支持向量机工具 LibSVM 来实施预测模型。

表 7.3　　　　　　　　影响专利热度的 6 组特征

特征分组	特征	权重	特征分组	特征	权重
领域趋势特征	趋势占有率	-0.512	覆盖范围	US 分类号	+1.602
	趋势比例	-1.631	发明人特征	H-index	+3.568*
复杂度	独立权利声明个数	+0.947	原创度	平均词语年龄	-0.149
	从属权利声明个数	+2.827*	词语热度	平均词语能量	+2.023*

在表 7.3 中，+/-表示这个特征对高质量专利的是正相关还是负相关。*表示这个特征与高质量专利高度相关。可以看出，标有 * 的特征的贡献系数(权重)都是比较大的一个正数。可以看到，平均词语能量和 H-index 以及权力说明个数都是成为高质量专利比较重要的因素。

图 7.6 多个特征预测的准确率给出了不同数量特征组合的平均准确率在 SVM 训练下的准确率，当 6 个特征分组都被考虑时，预测的准确度最高，此外，在五组特征的准确率并没有下降太多，这是由于表示这六组特征的影响力相差并不是太大，但只有一组特征相对六组特征全选时准确率还是相距较大，这也说明了高质量专利的评估需要考虑多方面的内在因素，单独从某一个特征不能评价专利，也说明了即使是权重最高的特征也不足以衡量专利质量。由于本章采用的 SVM 方法预测专利质量，根据 SVM 的特点，计算的复杂性并不会随着特征数量的增多而增加，其计算时间只与支持向量有关，所以在本章中选择多个属性并不会增加 SVM 训练器的计算时间。

在图 7.7 中，选择六个特征时，单一的 SVM 为 baseline，以 ICP 为提升 SVM 的手段，以网络优化为进一步微调的工具，分别给出了 SVM、ICP 和网络优化的准确度，其准确率 Rerank 方法优于 CIP 方法，CIP 方法优于

SVM 方法。

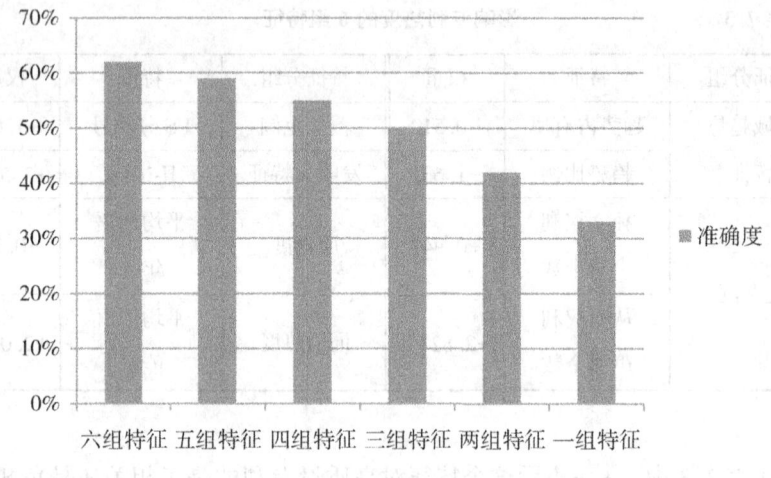

图 7.6　多个特征预测的准确率

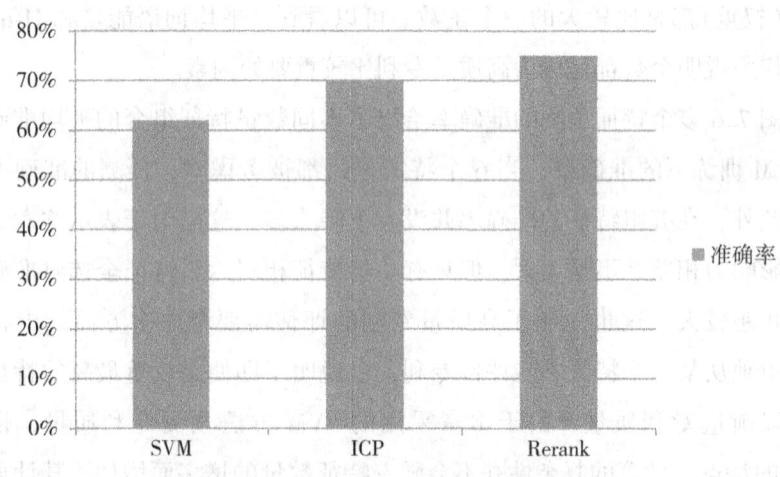

图 7.7　SVM、ICP 和 Rerank 三种方法的准确率

7.3.2　专利质量预测结果分析

从表 7.3 我们可以看出，独立权利声明的个数、发明人的 H-index 值和词语的平均能量是决定专利是否为高质量的三个最重要的特征。这表明

专利的权利声明描述越复杂、发明人发明的专利被引次数越多、专利的关键词能量越大，那么这个专利就更有可能是一篇高质量的专利。而趋势（包括趋势占有率和趋势比例）和词语的平均年龄是与专利热度负相关的两个因素。本章的高质量实际反映的是目前在当年最新最热的专利，所以本章的高质量专利不太可能出现在已经"过时"的一个领域，并且，词语年龄偏小的专利才有可能是一篇热点专利。

此外，专利中存在很多关键词是近义词，因此，在计算词语能量的时候，这种情况需要进行特殊对待。例如，"information extraction"和"extracting information"具有相同的含义，"categorize web"和"web mapping"都是与网页分类相关的短语。在计算词语热度的时候，这些近义词的能量应该进行叠加计算。

在图 7.7 中，SVM、ICP 和 Rerank 三种方法的准确率，ICP 的准确度比单一的 SVM 方法要高，这是因为 ICP 方法给热点专利赋予了更高的权重。这有助于缓解训练数据不平衡的不足。网络优化进行微调后的准确度最高，这是因为发明人和代理人的质量对他们发明/代理的专利是否为高质量专利影响较大。

本章还发现了一些在当时通过引文的方法没有发现的潜在高质量专利，例如在 2010 年的一篇题目为 *Systems and methods for automatically locating web-based social network members*（US7809805）的专利被本章的方法预测为一篇高质量专利。的确，据后来 CBS News 的报道，移动定位技术使 FaceBook 大放异彩，推动了社交网络的发展，这篇专利起到了重要的作用。可见，早期高质量专利的发现能够帮助企业把握技术的发展趋势，为技术投资的决策提供支持。

第8章
基于语义网的专利知识挖掘

8.1 专利知识挖掘概述

专利知识挖掘是一种帮助企业从宏观上把握发展趋势的方法，它比专利分类号分析具有更细致的粒度。专利知识挖掘对于科研人员可以帮助他们了解专利技术趋势，产生新的发明思路，发现新的研究领域，促进科技创新；对于企业，可以帮助企业了解竞争对手的技术优势和弱势，减少重复研究，抢得先机，占领市场的制高点；对于国家，可以帮助政府科研立项，在重大科技项目中做出重要决策。专利知识挖掘结果通常是以专利主题地图呈现，它将专利文本根据相似距离映射到二维平面上，相似的专利聚为一类，采用等高线刻画各个类中专利数量，形成地形图，地图中技术主题聚集的地方形成山峰，一个主题中专利数量越多，其山峰将越高。如图8.1是汤姆森公司开发的专利地图软件，它通过主题聚类，将一些相似的专利聚在一起，形成专利地图，颜色的区域越深代表该处的专利越多，其主题越热。

在图8.1中，虽然可以表示各个主题的热度，但是仍存在的三个问题：(1)聚类时间较长：在计算专利相似度时，由于专利文献篇幅较长，其文本向量空间的维度较大，采用向量空间模型表示专利使得聚类时间较长。(2)缺乏主题的区分与关联：现有专利聚类的呈现结果都是一个个的主题，这些主题有可能表示一种技术，也有可能表示一种功效。例如，在图8.1中，"Detected Load Circuit"（检测负荷电路）和"Display Top Plate Load"（显

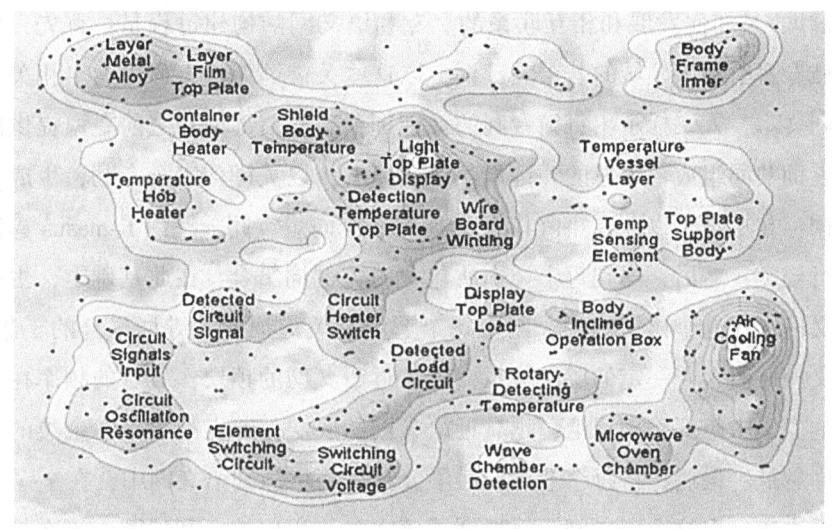

图 8.1　专利主题聚类地图

示顶板负荷)都属于功效类主题,而"Element Switching Circuit"(元件开关电路)和"Microwave Oven Chamber"(微波炉腔)则属于技术类主题,如果这两类专利主题进行有效的区分与关联,会有更助于企业发现热点间的深层的语义,促进企业创新。(3)缺乏对主题广度的考虑:现有专利主题热点仅仅考虑了词频,如图 8.1 中颜色越深的山峰其对应的词频越高。但这种热点的考虑方式忽略了词的广度,没有考虑一个主题在各个领域分布的情况,对于一些在多个领域分布广的词语的影响力显然比仅在一个狭小领域中出现的高频词的影响力要大。

8.2　专利语义网概述

　　语义网是体现概念及其它们之间逻辑关系的一种网络。Kim Young Gil 等构建了一种专利语义网,语义网中的节点是人工选择的专利关键词,在语义网上添加时间信息后,形成了在某个领域的专利地图,从专利地图上可以比较清楚地看到，随着时间的发展，这个领域的相关概念（即文中的关键词）是如何发展和相互联系的。专利语义网的构建过程是：首先，由领域专家给出该领域的若干关键词，以这些关键词为检索词检索出相关的专利文本，人工标示出每篇专利的关键词，这些关键词和之前专家提供的检索词共同组成一个总的关键词集合；接着，以关键词表示专利，生成关键词存在矩阵，以存在矩阵作为聚类的文本向量空间，使用 K-means 算法进行聚类；然后，得到每个类别所包含的关键词集合，在此基础上，生成语义网。在这个语义网中，网中每个节点是关键词或关键词集合的子集。语义网还蕴含着一定的层次关系，越靠近语义网的顶层，节点的频率在聚类的类别中越高，相反地，越靠近语义网的底层，节点的频率在聚类的类别中越低；最后，将每个节点的最早公开时间添加到语义网中，在 x-y 坐标系中表示出这个语义网，就得到了该文最终生成的专利地图。该文献给出了一个普适计算的具体例子，从这个例子最终生成的专利地图中可以发现，普适计算已经从 1987 年的射频识别、自动识别、逻辑学等技术朝着磁盘、HTML 与 VXML 的互交换技术发展了。

本章将语义网和专利的热点分析结合起来，试图解决这三个问题，生成三种的专利主题分析地图、包括技术主题地图，功效主题地图和技术功效矩阵，从而分析出某个领域内，专利技术、功效在语义层面和时间层面上的联系。

本章研究一种新的专利知识挖掘地图，通过聚类研究如何从广度上衡量专利主题，并基于类别存在矩阵建立主题之间的联系，形成专利层次语义网，形成技术地图、功效地图以及技术功效矩阵，最后通过对无线领域的专利分析案例说明本书方法的有效性。

本章基于专利语义网的分析过程如图 8.2 所示。

（1）采用第 6 章的方法抽取某个领域内的专利抽取其中的技术词语和功效词语；

（2）对专利基于标题、IPC 和关键词语进行聚类；

（3）基于聚类结果生成语义矩阵；

(4)在语义矩阵基础上构建语义网,包括技术层次语义网和功效层次语义网;

(5)加入时间信息,生成三种类型的专利分析地图,包括技术分析地图,功效分析地图和技术功效矩阵。

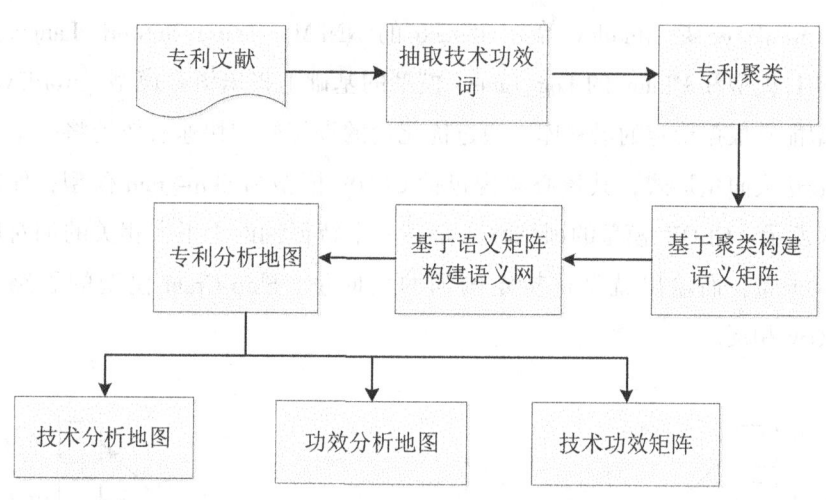

图 8.2　基于语义网的专利热点分析过程

8.3　专利聚类

计算文本相似度是文本聚类中的一个重要步骤,相似度如何计算又取决于文本如何表示。向量空间法是表示文本的一种常见方法,它将文本视为关键词组成的向量,通过计算向量之间的相似度,得到文本之间的相似度。

独热编码即 One-Hot 编码,又称一位有效编码,其方法是使用 N 位状态寄存器来对 N 个状态进行编码,每个状态都有自己独立的寄存器位,并在任意时候,只能有一位有效,虽然其解决了分类器不好处理离散数据的问题,但其是一个词袋模型,不考虑词与词之间的顺序,并假设词与词之间相互独立，得到的特征也是离散稀疏的。

WordVector(词向量)可以解决 One-Hot 问题，它的思路是通过训练，将每个词都映射到一个较短的词向量。将所有这些向量放在一起形成一个词向量空间，而每一向量为该空间中的一个点，在这个空间中引入距离，则可以根据词之间距离来判断它们之间在语法、语义上的相似性。

word2vec 是 Mikolov 等在 Bengio 的 NNLM(Neural Network Language Model)模型和 Hinton 的 Log_Linear 模型的基础上提出语言模型。word2vce 模型能够根据给定的语料库，通过优化后的训练模型快速有效地将一个词语表达成向量形式，其核心架构包括 CBOW 模型和 Skip-gram 模型，如图 8.3 所示。CBOW 模型的训练输入是某一个特征词的上下文相关的词对应的词向量，而输出就是这特定的词的词向量。Skip-Gram 模型的思路与 CBOW 相反。

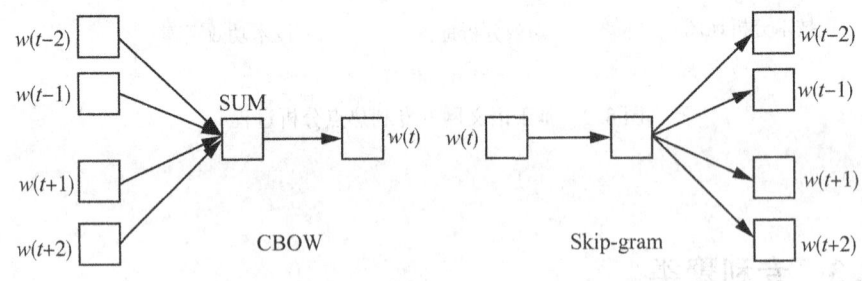

图 8.3　CBOW 模型(左)和 Skip-Gram 模型(右)

向量空间法的优点是表达直观、易于理解，缺点是容易造成空间的高维度和数据稀疏。在选取代表文本的关键词时，大多使用经典的 TF-IDF 计算词语的权重。

作为一种特殊的文本，专利有着其独有的特点：①词语频次低，文本之间的词语重叠度不高；②具有结构化的数据，例如 IPC 分类号，它代表专利所从属的领域等。因此，如果按照惯常的向量空间法来计算专利相似度，向量的维度将非常高，并且向量空间异常稀疏，由此计算出来的相似度准确度很低。这里给出一个稍微有点极端但在专利中却很常见的例子：假设有 3 篇专利，它们各自所包含的关键词如下所示：

P_1：w_1　　w_2　　w_3

P_2：w_4　　w_5　　w_6

P_3：w_7　　w_8　　w_9

那么，对应的向量空间为：

	w_1	w_2	w_3	w_4	w_5	w_6	w_7	w_8	w_9
P_1	1	1	1	0	0	0	0	0	0
P_2	0	0	0	1	1	1	0	0	0
P_3	0	0	0	0	0	0	1	1	1

通过观察发现：①每篇专利中的词频低，每个词语在专利中都只出现了一次；②专利之间的词语重叠度不高，三篇专利之间没有公共的词语。这样一来，任何两篇专利之间的相似度都为 0。随着专利数量的增加，这个向量空间的维度越来越高，数据越来越稀疏，专利之间的相似度都非常低。

因此，普通的向量空间法不适合于用于专利的相似度计算。通过分析专利的特点，考虑到专利的标题在很大程度上能代表专利的内容，专利的 IPC 能大致确定专利所在的领域，本章给出一种基于技术的专利相似度计算方法。这种方法综合考虑三个方面，分别是专利的标题、专利的 IPC 以及专利的技术词语，两个专利之间的相似度由这三方面的相似度确定。具体如下：

设 P_1 和 P_2 是两个专利，P_1 的标题是 T_1，经过分词后的词语集合是 TW_1，IPC 分类号集合是 IPC_1，技术词语集合是 Tec_1；P_2 的标题是 T_2，经过分词后的词语集合是 TW_2，IPC 分类号集合是 IPC_2，技术词语集合是 Tec_2，则 P_1 和 P_2 的相似度为：

$$\mathrm{Sim}(P_1, P_2) = \alpha \mathrm{Sim}(T_1, T_2) + \beta \mathrm{Sim}(\mathrm{IPC}_1, \mathrm{IPC}_2) + \gamma \mathrm{Sim}(\mathrm{Tec}_1, \mathrm{Tec}_2) \quad (\alpha + \beta + \gamma = 1)$$

其中，标题的相似度表示为经过分词之后的两个词语集合的相似度：

$$\mathrm{Sim}(T_1, T_2) = \mathrm{Sim}(\mathrm{TW}_1, \mathrm{TW}_2) = \frac{|\mathrm{TW}_1 \cap \mathrm{TW}_2|}{|\mathrm{TW}_1 \cup \mathrm{TW}_2|}$$

技术词语的相似度表示为两个技术词语集合的相似度：

$$\mathrm{Sim}(\mathrm{Tec}_1, \mathrm{Tec}_2) = \frac{|\mathrm{Tec}_1 \cap \mathrm{Tec}_2|}{|\mathrm{Tec}_1 \cup \mathrm{Tec}_2|}$$

目前，IPC 大多采用的是五级分类法，这五级是部、大类、小类、大组和小组，分别记为 A、B、C、D、E。例如 IPC 为 G06F19/30 对应的如图 8.4 所示五个级别是：

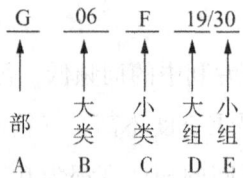

图 8.4 IPC 分类号的组成

两个具体的 IPC 分类号的相似度的计算方法如下：

设两个 IPC 分类号 ipc_1 和 ipc_2 分别是：$A_1B_1C_1D_1E_1$ 和 $A_2B_2C_2D_2E_2$，则它们的相似度分 6 种情况讨论：

情况 1：如果 $A_1 = A_2$，$B_1 = B_2$，$C_1 = C_2$，$D_1 = D_2$，$E_1 = E_2$，则 $\mathrm{Sim}(\mathrm{ipc}_1, \mathrm{ipc}_2) = 1$；

情况 2：如果 $A_1 = A_2$，$B_1 = B_2$，$C_1 = C_2$，$D_1 = D_2$，$E_1 \neq E_2$，则 $\mathrm{Sim}(\mathrm{ipc}_1, \mathrm{ipc}_2) = 4/5$；

情况 3：如果 $A_1 = A_2$，$B_1 = B_2$，$C_1 = C_2$，$D_1 \neq D_2$，则 $\mathrm{Sim}(\mathrm{ipc}_1, \mathrm{ipc}_2) = 3/5$；

情况 4：如果 $A_1 = A_2$，$B_1 = B_2$，$C_1 \neq C_2$，则 $\mathrm{Sim}(\mathrm{ipc}_1, \mathrm{ipc}_2) = 2/5$；

情况 5：如果 $A_1 = A_2$，$B_1 \neq B_2$，则 $\text{Sim}(\text{ipc}_1, \text{ipc}_2) = 1/5$；

情况 6：如果 $A_1 \neq A_2$，则 $\text{Sim}(\text{ipc}_1, \text{ipc}_2) = 0$。

以上是两个具体的 IPC 分类号之间的相似度计算方法。而一篇专利可能有多个 IPC 号，那么两篇专利在 IPC 方面的相似度为：

$$\text{Sim}(\text{ipc}_1, \text{ipc}_2) = \frac{\sum_{p \in \text{ipc}_1, q \in \text{ipc}_2} \text{Sim}(p, q)}{|\text{ipc}_1| \cdot |\text{ipc}_2|}$$

摘要文本之间的相似度用两文本向量之间的欧式距离进行衡量，：

$$\text{Sim}(\text{Abs}_1, \text{Abs}_2) = 1 - \sqrt{\sum_{i=1}^{n} (\text{Abs}_1^i - \text{Abs}_2^i)^2}$$

词向量与计算相似度的 python 代码如下所示：

```
import numpy as np
import pandas as pd
import sys
from gensim.models import word2vec
import os
import gensim
from gensim.models.word2vec import LineSentence

data=pd.read_csv("kmeans//technology//data.csv")
import jieba
stop=[line.strip() for line in open('stopwords.txt',encoding='utf-8').readlines()]#读取停用词

#分词并去停用词
for index in range(len(data)):
    out=''
    abstract=data.loc[index,'summary']#要处理的文本
    tec_data=data.loc[index,'technology']
```

```python
            if tec_data[-1]==',':
                data.loc[index,'technology']=tec_data[:-1]
        if abstract is not np.NaN:
            ct=list(jieba.cut(abstract))#jieba 分词
            for word in ct:
                if word not in stop:#去停用词
                    if word!='\t':
                        out+=word
                        out+=" "
            data.loc[index,'split']=out

text=data['split']
sentences=[]
for item in text:
    sentence=str(item).split(' ')
    sentences.append(sentence)

#训练
model=word2vec.Word2Vec(sentences,size=50)
model.save('jk.model')


def cos_sim(vector_a, vector_b):
    """
    计算两个向量之间的余弦相似度
    :param vector_a: 向量 a
    :param vector_b: 向量 b
    :return: sim
    """
```

```
        vector_a = np.mat(vector_a)
        vector_b = np.mat(vector_b)
        num = float(vector_a * vector_b.T)
        denom = np.linalg.norm(vector_a) * np.linalg.norm
(vector_b)
        sim = num / denom
        return sim
```

#编写文本转向量方法,将一段文字的向量用各词向量平均值来表示,为50维向量

```
    def buildWordVector(imdb_w2v,text, size):
        vec = np.zeros(size).reshape((1, size))
        count = 0.
        #print text
        for word in text.split():
    #         print(word)
            try:
                vec += imdb_w2v[word].reshape((1, size))
                count += 1.
            except KeyError:
                print("err"+word)
                continue
        if count ! = 0:
            vec /= count
        return vec


    result = buildWordVector(model, data.loc[1]['split'] ,
```

```
50)
    for i in range(1,len(data)):
        result = np.concatenate((result, buildWordVector(model, data.loc[i]['split'], 50)), axis = 0)
```

```
#把 series 转换成 dataframe 格式,并且将五十维的特征都赋值
vectors = pd.DataFrame(result, columns = ["x1","x2","x3","x4","x5","x6","x7","x8","x9","x10","x11","x12","x13","x14","x15","x16","x17","x18","x19","x20","x21","x22","x23","x24","x25","x26","x27","x28","x29","x30","x31","x32","x33","x34","x35","x36","x37","x38","x39","x40","x41","x42","x43","x44","x45","x46","x47","x48","x49","x50"])
```

```
#合并 dataframe
data = pd.concat([data, vectors], axis = 1)
data.to_csv('kmeans/semantic/data_word2.csv', mode='w', header=True)
```

本章采用的是 K-中心点算法对专利进行聚类,其步骤如下:

输入:包含 n 个对象的数据库和簇数目 k;

输出:k 个簇

(1) 随机选择 k 个代表对象作为初始的中心点;

(2) 指派每个剩余对象给离它最近的中心点所代表的簇;

(3) 随机地选择一个非中心点对象 y;

(4) 计算用 y 代替中心点 x 的总代价 s;

(5) 如果 s 为负,则用可用 y 代替 x,形成新的中心点;

(6) 重复(2)、(3)、(4)、(5),直到 k 个中心点不再发生变化。

8.4 技术层次语义网

基于技术对专利聚类之后，每个类别中包含若干个专利，而每个专利又包含各自的技术词，类别之间可能有重叠的技术词，某些技术词又经常同时出现。本章期望构建一个与技术相关的层次语义网，称为技术层次语义网。在这个网络中，网络中的节点代表一个或多个技术词语，节点之间的连线表示两个技术词集合之间存在着密切联系。不管是同一个节点中的多个技术词，还是有连线的两个技术词集合，都代表它们在语义上的联系较紧密。从某种程度上讲，它们可能有可以相互替换的关系。我们现给出一个基于语义存在矩阵的构建层次语义网的方法。为了便于后文叙述构建功效层次语义网，在下节语义网的构建过程中，我们还是以关键词而非技术词进行说明。将关键词替换为技术词，即为技术层次语义网。

8.4.1 语义网构建方法

在构建语义网之前，需要确定数据来源。现假设我们对 T 个专利进行聚类，聚类之后分成 M 个类别，这 T 个专利共有 N 个关键词。关键词在 M 个类别中的分布如下：

类别 1：$a_{11}, a_{12}, \cdots, a_{1r_1}$

类别 2：$a_{21}, a_{22}, \cdots, a_{2r_2}$

……

类别 M：$a_{M1}, a_{M2}, \cdots, a_{Mr_M}$

其中，r_1 为类别 1 中包含的关键词个数，r_2 为类别 2 中包含的关键词个数，以此类推。并且，$|\{a_{11}, a_{12}, \cdots, a_{1r_1}\} \cup \{a_{21}, a_{22}, \cdots, a_{2r_2}, \cdots\} \cup \cdots \cup \{a_{M1}, a_{M2}, \cdots, a_{Mr_M}\}| = N$。

语义矩阵是在上述的数据来源基础上构建起来的一个关键词在聚类类别中存在矩阵。定义如下：

定义 8.1 语义矩阵

语义矩阵 Semantic Matrix(缩写为 SM)是一个 M 行 N 列的矩阵,代表数据源中有 M 个类别,N 个关键词。矩阵满足:

$$\mathrm{SM}_{ij} = \begin{cases} 1 & \text{关键词} j \text{出现在类别} i \text{中} \\ 0 & \text{关键词} j \text{没有出现在类别} i \text{中} \end{cases}$$

当某个关键词 j 出现在某个类别 i 中时,语义矩阵的第 i 行第 j 列的位置上为 1;否则为 0。其代码如下所示:

```
#构建语义矩阵 SM,初始化矩阵都为 0
SM=np.zeros((number,len(tecs)))   #number 为主题数
for index in range(len(data)):
    kind=int(data.loc[index,'kind'])
    tec_data=data.loc[index,'technology'].split(",")
    for dt in tec_data:
        for i in range(len(tecs)):
            if dt==tecs[i][0]:
                #若技术词在这个类别中出现,则为 1
                SM[kind][i]=1
                break
```

为了构建技术语义网络,找到技术词语之间的共现关系和语义联系,我们为语义矩阵定义了以下几种相关概念:

定义 8.2 行之和

设 $M \times N$ 的语义矩阵 SM 为:

$$\begin{pmatrix} s_{11} & s_{12} & \cdots & s_{1N} \\ s_{21} & s_{22} & \cdots & s_{2N} \\ \cdots & & & \\ s_{M1} & s_{M2} & \cdots & s_{MN} \end{pmatrix}$$

它的行之和 SOL(sum of lines) 运算的结果是一个 N 维向量,即:

$$\mathrm{SOL} = \left(\sum_{i=1}^{M} a_{i1}, \sum_{i=1}^{M} a_{i2}, \cdots, \sum_{i=1}^{M} a_{iN} \right)$$

行之和为语义矩阵的一个自定义的运算,它表示将 $M \times N$ 矩阵的各行相加起来,得到一个 N 维向量。其构建行之和的代码如下所示:

```
#行之和计算,得到每个关键词总共属于多少个类别
SOL=np.zeros((1,len(tecs)))
for j in range(len(tecs)):
    s=0
    #针对每一列,将每一行数据相加
    for i in range(0,number):
        s=s+SM[i][j]
    SOL[0][j]=s
```

定义 8.3 语义矩阵的最大频率

对语义矩阵 SM 进行了行之和 SOL 运算之后,在得到的 N 维向量中最大数值被称为语义矩阵 SM 的最大频率。

定义 8.4 语义矩阵的最小频率

对语义矩阵 SM 进行了行之和 SOL 运算之后,在得到的 N 维向量中最小数值被称为语义矩阵 SM 的最小频率。

其计算最大频率最小频率的代码如下所示:

```
#最大频率,最小频率
max_fre=int(np.amax(SOL,axis=1)[0])
min_fre=int(np.amin(SOL,axis=1)[0])
SL={}#每一频率所包含关键词
for i in range(min_fre,max_fre+1):
    SL[i]=[]
for j in range(len(tecs)):
    SL[SOL[0][j]].append(j)
```

定义 8.5 同层

对语义矩阵 SM 进行了行之和 SOL 运算之后,在得到的 N 维向量中,如果两个列号对应的数值相等,则称它们是同层的。即,如果 $SOL_i = SOL_j$,

则称第 i 列与第 j 列在语义矩阵 SM 中在频率 SOL_i 上是同层的。

定义 8.6 同层列

对于语义矩阵 SM，如果第 i 列与第 j 列在语义矩阵 SM 中是同层的，则称它们是同层列。

定义 8.7 同层列号类

对于语义矩阵 SM 的第 i 列而言，它所有的同层列的列号组成的集合称为是第 i 列在频率 SOL_i 上的同层列号类，记为 $SL(SOL_i)$，或简称是在频率 SOL_i 上的同层列号类。SL 为 same level 的缩写。

定义 8.8 等价列

在语义矩阵 SM 中，如果两个列是完全相等的，则称这两个列是等价列。即，如果 $SM_i = SM_j$，则称第 i 列与第 j 列是等价列。

定义 8.9 等价列号类

对于语义矩阵 SM 的第 i 列而言，它所有的等价列的列号组成的集合称为是第 i 列的等价列类。记为 $SL(i)$。

定义 8.10 蕴含

我们称语义矩阵 SM 中第 i 列蕴含第 j 列，如果满足以下条件：

$$SM_i \cap SM_j = SM_j (i \neq j)$$

与同层关系一样，蕴含也是表示语义矩阵 SM 中两个列之间的关系。

确定一个层次语义网需要确定三类信息：

(1) 网中的层数；

(2) 每一层中的节点个数及其每个节点的内容；

(3) 上下层中节点之间的连接关系。

现给出确定上文前两类信息的如算法 8.1 所示：

算法 8.1 确定语义网的层数以及每一层的节点。步骤 1 对语义矩阵进行行之和运算；步骤 2 将行之和这个向量中的不同数值统计出来，数值被称为是频率。频率的个数即为语义网的层数；步骤 3 在步骤 2 的基础上，找出语义矩阵的最大频率和最小频率；步骤 4 针对每一个频率，首先找到这个频率对应的同层列号类，这个类中的列号对应的关键词都将出现在语

义网中频率 f 的对应层。然后，将同层列号类分为若干个等价列号类，那么每一个等价列号类对应的关键词集合就是频率 f 对应层中的一个节点。

Algorithm 8.1: SemanticNetNodes

Input: Sematic Matrix(SM)

Output: the level of the net and the nodes in each level

1. Compute the SOL of SM;
2. Arrange the different values of SOL in descending order, the set of which is denoted as $Freq = \{f_1, f_2, \cdots, f_{|Freq|}\}$. The count of different values $|Freq|$ is the level of Semantic Net;
3. Get the maximum and minimum frequency of SM, denoted as maxF and minF;
4. For each $f \in Freq$, get $SL(f)$ and divide it into some equivalence classes of column IDs. All these equivalence classes of column IDs are the nodes in the corresponding level of f.

基于上述定义的概念，本书设计如下算法获取网络层数和节点信息：

（1）对语义矩阵进行行之和运算；

（2）将行之和结果的不同数值统计出来，数值被称为频率，频率的个数为语义网的层数；

（3）找出语义矩阵的最大频率和最小频率；

（4）针对每一个频率，找到这个频率对应的同层列号类，这个类中的列号对应的关键词都将出现在语义网中频率 f 的对应层；

（5）将同层列号类分为若干个等价列号类，那么每一个等价列号类对应的关键词集合就是频率 f 对应层中的一个节点。

其中确定节点数的代码如下所示

```
#确定节点数
SC_dic={}
for i in range(min_fre,max_fre+1):
```

```
S = SL[i]
SC = []
visit = np.zeros((1,len(S)))
for m in range(len(S)):
    if visit[0][m] == 0:
        SMm = []
        SMm.append(S[m])
        for n in range(m+1,len(S)):
            if visit[0][n]! = 0:
                continue
            else:
                #如果关键词类别的分布是一样,则放入一个节点中
                if (SM[:,S[m]] == SM[:,S[n]]).all():
                    visit[0][n] = 1
                    SMm.append(S[n])
        SC.append(SMm)
SC_dic[i] = SC
```

定理 8.1 在语义矩阵中,完全相等的两个列对应的关键词一定在语义网中的同一个层中。

证明: 根据同层和同层列号类的定义,在语义矩阵经过了行之和运算之后,在所得到的向量中数值相等的分量对应的列号同属于一个同层列号类。根据算法 8.1 的步骤 4,同层列号类对应的关键词都将出现在语义网中的同一层。而完全相等的两个列在经过了行之和运算之后,对应的分量数值相等。因此,在语义矩阵中,完全相等的两个列对应的关键词一定在语义网中的同一个层中。即证。

定理 8.2 在语义矩阵中,完全相等的两个列对应的关键词一定在语义网中的同一个节点中。

证明：根据等价列和等价列号类的定义，在语义矩阵中，相等的列对应的列号同属于一个等价列号类。根据算法 8.1 的步骤 5，每一个等价列号类对应的关键词集合是相应频率对应层中的一个节点。即证。

推论 8.1　语义矩阵中的列唯一确定语义网中的一个节点。

证明：由定理 8.2 易证。

定理 8.3　在语义网中，如果一个节点中包含多个关键词，那么这些关键词在语义矩阵中的对应列是相等的。

证明：利用反证法进行证明：

假设两个关键词，它们在语义矩阵中的对应列不相等，它们不可能属于同一个等价列号类，根据算法 8.1，这两个关键词不可能在同一个节点中。即证。

推论 8.2　语义网中的节点唯一确定语义矩阵中的列。

证明：由上个定理易证。

定理 8.4　语义网中的节点和语义矩阵中的列一一对应。

证明：由定理(语义矩阵中的列唯一确定语义网中的一个节点)和定理(语义网中的节点唯一确定语义矩阵中的列)易证。

接下来，再来确定第三类信息，即语义网中上下层中节点之间的连接关系。在层次语义网中，某个节点不能与它同层的节点之间存有连接关系。一般情况下，一个节点只可能与它相邻的两层中的节点之间存有连接关系，某些少数情况下，节点可能会与相邻层之外的层中的节点之间有连接。在语义网中，两个节点之间存在连接线表明这两个节点之间在语义上联系紧密，前文讲述过，从某种程度上讲，语义联系紧密意味着它们的共现率高。在层次网中，上下两个节点之间有连接表示在下节点存在的聚类类别中，上节点也必然存在。下面的定理表明，如果语义矩阵中的两个列之间是蕴含关系，那么这两个列对应的关键词在聚类类别中满足：在任何下节点关键词存在的聚类类别中，上节点关键词也必然存在。

定理 8.5　在语义矩阵 SM 中，假设第 i 列对应的关键词为 A，第 j 列对

应的关键词为 B。如果第 i 列蕴含第 j 列,那么在聚类类别中,如果词 A 出现在类别 C 中,那么词 B 也一定存在于类别 C 中。

证明:SM_i 和 SM_j 都为 M 维向量。由于第 i 列蕴含第 j 列,所以 $SM_i \cap SM_j = SM_j (i \neq j)$,那么,$\forall p \in \{1, 2, \cdots, M\}$,$SM_i(p) \cap SM_j(p) = SM_j(p)$,这是 SM_i 和 SM_j 这两个 M 维向量中对应元素需要满足的条件。也即,对于 $\forall q \in \{1, 2, \cdots, M\}$,如果 $SM_i(q) = 1$,那么 $SM_j(q) = 1$。换句话说,SM_i 元素为 1 位置对应到 SM_j 中也为 1。而 SM_i 对应的是词 A,SM_j 对应的是词 B。以语义矩阵构建的数据来源为依据,在聚类类别中,如果词 A 出现在类别 C 中,那么词 B 也一定存在于类别 C 中。

算法 8.2 为针对语义网中的一个节点,找到与它相连接的上层节点。

Algorithm 8.2: SemanticNetConnection

Input: the nodes in each level of Semantic Net and some node Q in the net

Output: the nodes above connected with Q

1. Get the level of Q in Semantic Net;

2. Get any word Q contains and its corresponding column in Semantic Matrix(SM), denoted as col;

3. Considering all the nodes in the nearest level above, get their corresponding columns in SM and judge whether any column in this level is implying col, if yes, then there is a connection between Q and this column's corresponding node.

4. If there is not any connection coming from Step 3, we change the considering level higher and repeat Step 3 until we reach the highest level.

在层次语义网中,某个节点不能与它同层的节点之间存在连接关系。一般情况下,一个节点只可能与它相邻的两层中节点之间存在关系,某些少数情况下,节点可能会与相邻层之外的层中的节点之间有连接。在语义网中,两个节点之间存在连接线表明这两个节点之间在语义上联系紧密,

前文讲述过，从某种程度上讲，语义联系紧密意味着它们的共现率高。在层次网中，上下两个节点之间有连接表示在下节点存在的聚类类别中，上节点也必然存在。因此本书认为如果语义矩阵中的两个列之间是蕴含关系，那么这两个列对应的关键词在聚类类别中满足：在任何下节点关键词存在的聚类类别中，上节点关键词也必然存在。

若 $SM_i \cap SM_j = SM_j (i \neq j)$，而 SM_i 对应的是词 A，SM_j 对应的是词 B。以语义矩阵构建的数据来源为依据，在聚类类别中，如果词 A 出现在类别 C 中，那么词 B 也一定存在于类别 C 中。

针对语义网中的一个节点，我们设计如下的算法找到与它相连接的上层节点：

(1) 确定输入节点在语义网所在的层次；

(2) 得到输入节点在语义矩阵中对应的列；

(3) 判断输入节点上一层中节点对应的列是否蕴含输入节点对应的列，如果是，那么在这个节点与输入节点之间有连接；

(4) 若不是，继续考察更上一级的层，直至到达语义网的最高层，算法结束。

确定节点的连接关系的代码如下所示：

```
links=[]
#判断两者之间是否为蕴含关系
def Contain(index1,index2):
    for i in range(0,12):
        if SM[i,index1]==1 and SM[i,index2]!=1:
            return False
    return True

for i in range(min_fre,max_fre):
    start=SC_dic[i]
```

```
    for s in range(len(start)):
        #每一个节点寻找上一层的蕴含关系
        #若不存在,继续考察更上一级的层,直至到达语义网的最高
        for j in range(i+1,max_fre+1):
            end=SC_dic[j]
            flag=True
            for e in range(len(end)):
                if Contain(start[s][0],end[e][0]):
                    link={}
                    link["source"]=t[start[s][0]][4]
                    link["target"]=t[end[e][0]][4]
                    links.append(link)
                    flag=False
            if flag==False:
                break

print(links)
```

算法8.2的步骤1确定输入节点在语义网中所在的层次；步骤2得到输入节点在语义矩阵中对应的列。步骤3判断输入节点上一层中节点对应的列是否蕴含输入节点对应的列，如果是，那么在这个节点与输入节点之间有连接；否则，继续考察更上一级的层，直至到达语义网的最高层，算法结束。

8.4.2 语义网构建示例

下面给出语义网构建的一个具体示例。数据来源是无线通信领域的专利聚类之后每个类别包含的关键词集合。如表8.1所示中关键词都用其标号表示，下同。

表 8.1　　　　　　　　关键词所在类别表

聚类类别	关 键 词
类别 1	1, 3, 4, 5, 8, 10, 12, 13, 15
类别 2	2, 5, 6, 7, 8, 9, 10, 14, 15
类别 3	3, 5, 6, 8, 10, 11, 12, 13, 15
类别 4	1, 3, 5, 6, 11, 13, 14, 15
类别 5	1, 2, 4, 5, 7, 8, 11, 12, 15

对应的语义矩阵如表 8.2 所示。

表 8.2　　　　　　　　语 义 矩 阵

聚类类别＼关键词	1	2	3	4	5	6	7	8	9	10	11	12	13	14	15
类别 1	1	0	1	1	1	0	0	1	0	1	0	1	1	0	1
类别 2	0	1	0	0	1	1	1	1	1	1	0	0	0	1	1
类别 3	0	0	1	0	1	1	0	1	0	1	1	1	1	0	1
类别 4	1	0	1	0	1	1	0	0	0	0	1	0	1	1	1
类别 5	1	1	0	1	1	0	1	1	0	0	1	1	0	0	1

在语义矩阵的基础上,可以进行如下操作:

(1) 行之和运算;

(2) 找到语义矩阵最大频率、最小频率,对频率排序;

(3) 在每一个频率的对应层中,找到同层列号类;

频率列号和行之和的计算方式如表 8.3 所示。

表 8.3　　频率列号与行之和的计算结果

聚类类别 \ 关键词	1	2	3	4	5	6	7	8	9	10	11	12	13	14	15
类别 1	1	0	1	1	1	0	0	1	0	1	0	1	1	0	1
类别 2	0	1	0	0	1	1	1	1	1	0	0	0	0	1	1
类别 3	0	0	0	0	1	1	0	1	0	1	1	1	1	0	1
类别 4	1	0	1	0	1	0	1	0	0	0	1	0	1	1	1
类别 5	1	1	0	1	1	0	1	1	0	1	1	1	0	0	1
行之和	3	2	2	2	5	3	2	4	1	3	3	3	3	2	5
频率为 5 的列号					5										15
频率为 4 的列号								8							
频率为 3 的列号	1					6				10	11	12	13		
频率为 2 的列号		2	3	4			7							14	
频率为 1 的列号									9						

到这里，语义网的层数和每一层中的关键词已经确定。语义网中一共有 5 层，在第 1 层，即最高层，关键词有 5 和 15；在第 2 层，关键词有 8；在第 3 层，关键词有 1、6、10、11、12 和 13；在第 4 层，关键词有 2、3、4 和 7；在最后一层，即最底层，关键词有 9。

接下来是确定每一层中的节点，需要在每一层的同层列号类中找到其中的等价列号类。我们从最高层开始，逐层向下搜索。

第 1 层：列 5 和列 15 完全相等，因此它们是等价列号类，关键词 5 和 15 将在同一个节点中；

第 2 层：只有 1 个列 8，因此关键词 8 单独作为一个节点；

第 3 层：列 1、6、10、11、12 和 13 各不相同，因此，没有两个关键词需要合并到一个节点中，它们各自单独作为节点；

第 4 层：列 2 和列 7 完全相等，因此它们是等价列号类，关键词 2 和 7

将在同一个节点中,而其他关键词各自单独作为节点;

第5层:只有1个列9,因此关键词9单独作为一个节点。

语义网中每一层中的节点确定了之后,最后是确定网中节点之间的连接关系。我们从最底层开始,逐层向上进行。为表述方便,我们用节点中关键词的标号来表示这个节点。

第5层:列9与上一层(第4层)中的列2(7)、3、4和14进行比较,发现列2蕴含列9,因此,从节点9到节点2(7)之间有连接关系;

第4层:列2(7)与上一层(第3层)中的列1、6、10、11、12和13进行比较,发现其中没有蕴含关系,因此考察列2(7)与再上一层(第2层)中的列8,发现列8蕴含列2(7),因此,从节点2(7)到节点8之间有连接关系;

列3与上一层(第3层)中的列1、6、10、11、12和13进行比较,发现列1、13蕴含列3,因此,从节点3到节点1和节点13都有连接关系;

列4与上一层(第3层)中的列1、6、10、11、12和13进行比较,发现列1、12蕴含列4,因此,从节点4到节点1和节点12都有连接关系;

列14与上一层(第3层)中的列1、6、10、11、12和13进行比较,发现列6蕴含列4,因此,从节点14到节点6有连接关系;

第3层:列1、6、10、11、12和13分别与上一层(第2层)中的列8进行比较,发现列8蕴含列10、列12,因此,从节点8到节点10、12都有连接关系;

列1、6、11、13与列8没有蕴含关系,因此考察列1、6、11、13与再上一层(第1层)中的列5(15),发现列5蕴含列1、6、11、13,因此,从节点5(15)到节点1、6、11、13之间有连接关系;

第2层:列8与上一层(第1层)中的列5(15)进行比较,发现列5(15)蕴含列8,因此,从节点8到节点5(15)有连接关系。

根据上文的所有步骤和描述,最终的层次语义网如图8.5所示。

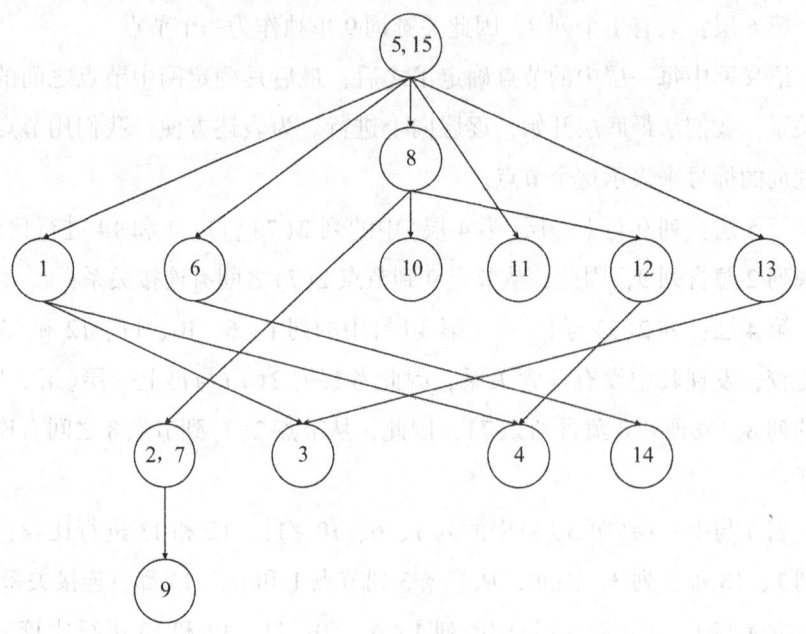

图 8.5　层次语义网

8.5　专利技术地图

在技术层次语义网中加入时间信息,生成一个二维的技术地图。通过这个地图,可以清楚地看到,随着时间的变化,这个领域内的技术是如何发展和演变的。

从技术层次语义网到技术地图的生成方法是:

(1)确定语义网中每个节点的时间。

(2)生成一个具有 x-y 坐标系的二维的技术地图,横轴是时间,纵轴是频率。将语义网中的每个节点按照其年龄和频率,放在 x-y 坐标系中相应的位置。

(3)将语义网中的节点之间的连接关系在坐标系中保留下来。这样即得到技术层次语义网相应的技术地图。

定义 8.11 专利的年龄

专利的年龄定义为该专利的申请日期。

定义 8.12 技术词的年龄

设某技术词出现在若干个专利中,则这个技术词的年龄是这些专利的年龄中的最早的那个年龄。

定义 8.13 节点的年龄

设节点中有若干个技术词,则这个节点的年龄是其包含的这些技术词的年龄中的最早的那个年龄。例如,有3个技术词语 a、b 和 c,它们在3个专利 P、Q、W 中的出现情况如表 8.4 所示。

表 8.4 词语与类别矩阵

	a	b	c
P	1	0	1
Q	0	1	1
W	1	1	0

P、Q、W 的申请日期即年龄分别如下:

P:2011-05-21

Q:2010-04-30

W:2013-06-01

a 出现在 P 和 W 两个专利中,b 出现在 Q 和 W 两个专利中,c 出现在 P 和 Q 两个专利中,则 a、b 和 c 的年龄分别是:

a:2011-05-21

b:2010-04-30

c:2011-05-21

若一个节点中包含 a 和 b 两个技术词语,则这个节点的年龄是 2010-04-30。

现给出一个示例，它是图 8.12 层次语义网中对应的技术地图。假设图 8.12 中标号 1~15 这 15 个技术词语的年龄如表 8.5 所示。

表 8.5　　　　　　　　　　　词语年龄矩阵

技术词语	年龄	技术词语	年龄	技术词语	年龄
1	2000-02-23	2	2011-06-12	3	2003-04-04
4	2010-04-16	5	2000-10-12	6	2010-11-18
7	2011-07-24	8	2008-01-02	9	2003-08-08
10	2009-06-25	11	2005-02-04	12	2010-09-27
13	2003-04-09	14	2007-08-03	15	2008-05-07

其技术地图如图 8.6 所示。

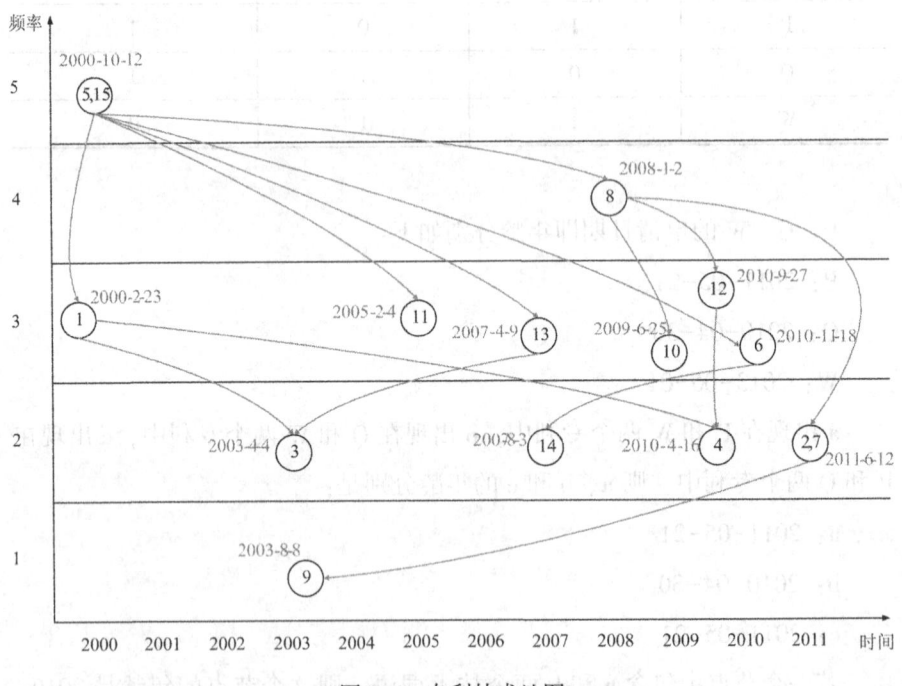

图 8.6　专利技术地图

8.6 专利功效地图

功效地图的生成与技术地图的生成方法类似，也是需要经过三个步骤：

步骤1：基于功效对专利进行聚类；

步骤2：聚类之后，统计每个类别中的功效词语，构建功效层次语义网；

步骤3：在功效层次语义网中加入时间信息，生成功效地图。

与生成技术地图的三个步骤相比，区别在于：

(1)基于技术的专利聚类中计算专利之间的相似度时，是从IPC、技术词语和标题三个方面来考虑，那么，基于功效的专利聚类中计算专利之间的相似度时，应从IPC、功效词语和标题三个方面来考虑。

(2)构建技术层次语义网时，节点中是技术词语，而在构建功效层次语义网时，节点中应是功效词语。

其余的聚类算法、层次语义网的构建方法以及加入时间信息生成功效地图都与生成技术地图类似。

8.7 热点技术功效矩阵

以前的技术功效矩阵是将多个专利中的技术和功效分别都抽取出来，放在同一个矩阵中进行对比，矩阵中的元素是包含相应的技术和功效的专利号。但是这种技术功效矩阵存在一个问题，它的技术和功效可能不是热点，并且从这个矩阵中很难看到随着时间的发展，技术和功效之间的关系。因此，我们改进这种技术功效矩阵，使它反映的是热点技术和热点功效之间的关系，并且是与某个特定时间段相关的技术和功效。

构建这种热点技术功效矩阵的方法是：

(1)针对某个频率阈值 $F1$ 以及某个时间段 T，从上文构建的技术地图中，选择频率高于 $F1$，并且时间在 T 之间的节点，节点中的技术词语即为我们关心的热点技术。

(2) 针对某个频率阈值 $F2$ 以及某个时间段 T，从上文构建的功效地图中，选择频率高于 $F2$，并且时间在 T 之间的节点，节点中的功效词语即为我们关心的热点功效。

(3) 由上两步得到的热点技术和热点功效构建热点技术功效矩阵。

由于在基于技术或功效对专利进行聚类之前，我们已经标注了专利中的技术词语和功效词语，因此在热点技术功效矩阵中，矩阵中的元素，即包含了相应的技术和功效的专利号或者类别号，是可以确定的。

第 9 章
专利分析与挖掘案例

9.1 无线通信领域分析案例

为说明语义地图的生成方法，本章以无线通信领域的真实专利为数据来源，用案例来说明该方法的生成步骤。

9.1.1 技术词语标注

对专利集合中的每篇专利进行技术词语标注，标注后的具体情况如表9.1所示，该表中有 4 列，前两列和后两列是一样，都是代表专利号以及该专利中的技术短语。

表9.1　　　　　　　　专利号与其技术词语对照表

专利号	技术词语	专利号	技术词语
201210240155	Wifi	201120487208	蓝牙 红外 Wifi RFID
201120513343	蓝牙	201220127820	蓝牙 红外 Wifi Android 电容触控
201120550757	蓝牙	201120275328	蓝牙 电容触控 Wifi GPS Android
200910264319	蓝牙 红外 Wifi Android 电容触控	200910260046	蓝牙 Wifi

续表

专利号	技术词语	专利号	技术词语
201120493442	蓝牙 电容触控 Wifi GPS Android	201120489480	蓝牙 电容触控 Wifi GPS Android
201210090230	蓝牙 电容触控 Wifi GPS Android	201210274157	蓝牙 红外 Wifi Android 电容触控
201110031064	蓝牙 Wifi	201120428873	蓝牙 电容触控 Wifi GPS Android
201210045239	蓝牙 Wifi	201220085955	蓝牙 红外 Wifi Android 电容触控
201220127814	蓝牙 Wifi	201220013032	Zigbee 蓝牙 Wifi
201220122572	蓝牙 电容触控 Wifi GPS Android	200920303249	Zigbee 蓝牙 Wifi
201010549532	蓝牙 红外 Wifi Android 电容触控	201120361878	Zigbee 蓝牙 Wifi
201120493409	蓝牙 红外 Wifi RFID	201220025520	Zigbee 蓝牙 Wifi
201220013581	蓝牙 红外 Wifi RFID	201220213165	Zigbee 蓝牙 Wifi
200720172054	蓝牙 红外 Wifi RFID	201220200482	3G Wifi 云
200780045454	蓝牙 红外 Wifi RFID	201220104700	3G Wifi 云
201210058459	蓝牙 红外 Wifi RFID	201210083047	Wifi RFID 物联网
200820235483	红外	201010167563	Zigbee RFID
200520001718	GPS	201120277213	3G
201210309417	GPS	200910238260	云 3G
201120221245	GPS	201210109181	物联网 3G 红外
201120525614	GPS	201120523304	3G
201120512470	RFID	201220184132	物联网 红外
201010539454	RFID	200510072432	红外

9.1.2 专利聚类

对专利聚类之后,共分为 8 个类别,如表 9.2 所示,第一列表示聚类的类别号,第二列表示聚类后的在该类别里面的专利号。

表 9.2　　　　　　　　　　聚类类别结果

聚类类别	专　利　号
1	201210240155,201120513343,201120550757
2	200910260046, 201110031064, 201210045239, 201220127814, 200510072432
3	201120493442, 201210090230, 201220122572, 201120275328, 201120489480, 201120428873
4	200910264319, 201010549532, 201220127820, 201210274157, 201220085955, 200820235483, 201210309417, 201120512470, 201120277213
5	201120493409, 201220013581, 200720172054, 200780045454, 201210058459, 201120487208, 200520001718, 201120523304
6	201220013032, 200920303249, 201120361878, 201220025520, 201220213165, 201010167563
7	201220200482, 201220104700, 201120525614, 201010539454, 200910238260
8	201210083047, 201120221245, 201210109181, 201220184132

9.1.3 生成技术语义矩阵

根据表 9.1 专利号与其技术词语对照表和表 9.2 聚类类别结果,得到技术词语在类别中的存在矩阵,即技术语义矩阵,如表 9.3 所示,在该表中列代表的各个技术,行代表的各个聚类类别。如果某个技术出现在某个类别中,则存在矩阵中对应的元素为 1,否则为 0。

233

表 9.3　　　　　　　　　　　技术语义矩阵

	蓝牙	Wifi	电容触控	GPS	Android	红外	RFID	Zigbee	3G	云	物联网
类别 1	1	1	0	0	0	0	0	0	0	0	0
类别 2	1	1	0	0	0	1	0	0	0	0	0
类别 3	1	1	1	1	1	0	0	0	0	0	0
类别 4	1	1	1	0	0	1	1	0	1	0	0
类别 5	1	1	0	1	0	1	1	0	1	0	0
类别 6	1	1	0	0	0	0	1	1	0	0	0
类别 7	0	1	0	1	0	1	0	0	1	1	0
类别 8	0	1	0	1	0	1	1	0	1	0	1

专利的申请日期如表 9.4 所示，表中包含了专利号以及该专利号的申请日期：

表 9.4　　　　　　　　　　　专利申请日表

专利号	申请日期	专利号	申请日期	专利号	申请日期
201210240155	2012-07-11	201120487208	2011-11-30	200820235483	2008-12-15
201120513343	2011-12-12	201220127820	2012-03-30	200520001718	2005-01-26
201120550757	2011-12-26	201120275328	2011-08-01	201210309417	2012-08-28
200910264319	2009-12-18	200910260046	2009-12-23	201120221245	2011-06-28
201120493442	2011-12-01	201120489480	2011-11-30	201120525614	2011-12-14
201210090230	2012-03-30	201210274157	2012-08-02	201120512470	2011-12-09
201110031064	2011-01-28	201120428873	2011-11-03	201010539454	2010-11-10
201210045239	2012-02-27	201220085955	2012-03-09	201010167563	2010-05-10
201220127814	2012-03-30	201220013032	2012-01-12	201120277213	2011-08-02
201220122572	2012-03-28	200920303249	2009-05-18	200910238260	2009-11-24
201010549532	2010-11-18	201120361878	2011-09-20	201210109181	2012-04-11
201120493409	2011-12-01	201220025520	2012-01-19	201120523304	2011-12-15
201220013581	2012-01-12	201220213165	2012-05-12	201220184132	2012-04-26

续表

专利号	申请日期	专利号	申请日期	专利号	申请日期
200720172054	2007-09-24	201220200482	2012-05-07	200510072432	2005-05-14
200780045454	2007-12-07	201220104700	2012-03-20		
201210058459	2012-03-07	201210083047	2012-03-27		

依据表 9.1 专利号与其技术词语对照表和表 9.4 专利申请日表，技术词语的年龄如表 9.5 所示：

表 9.5　　　　　　　　技术词语年龄表格

技术词语	年龄	技术词语	年龄	技术词语	年龄
蓝牙	2007-09-24	Wifi	2007-09-24	电容触控	2009-12-18
GPS	2005-01-26	Android	2009-12-18	红外	2005-05-14
RFID	2007-09-24	Zigbee	2009-05-18	3G	2009-11-24
云	2009-11-24	物联网	2012-03-27		

9.1.4　生成技术地图

基于以上的内容，可以得到如图 9.1 所示的技术地图。

在这个专利技术语义地图中，每一个节点中包含的是语义联系紧密的技术词语，体现于它们在聚类类别中总是同时出现。如图 9.1 中的节点"电容触控、Android"，在专利聚类之后，技术词语"电容触控"所在的聚类类别中，也必然包含技术词语"Android"，反之亦然，即技术词语"Android"所在的聚类类别中，也必然包含技术词语"电容触控"。实际上，在使用 Android 作为操作系统的移动终端上，电容触控是一个高度相关的人机交互技术。技术语义地图中两个节点之间的连线表示节点之间的蕴含关系，体现于凡是在连线的终节点包含的技术词语所出现的聚类类别中，也必然包含连线的源节点包含的技术词语，但反过来并不成立。如图 9.1

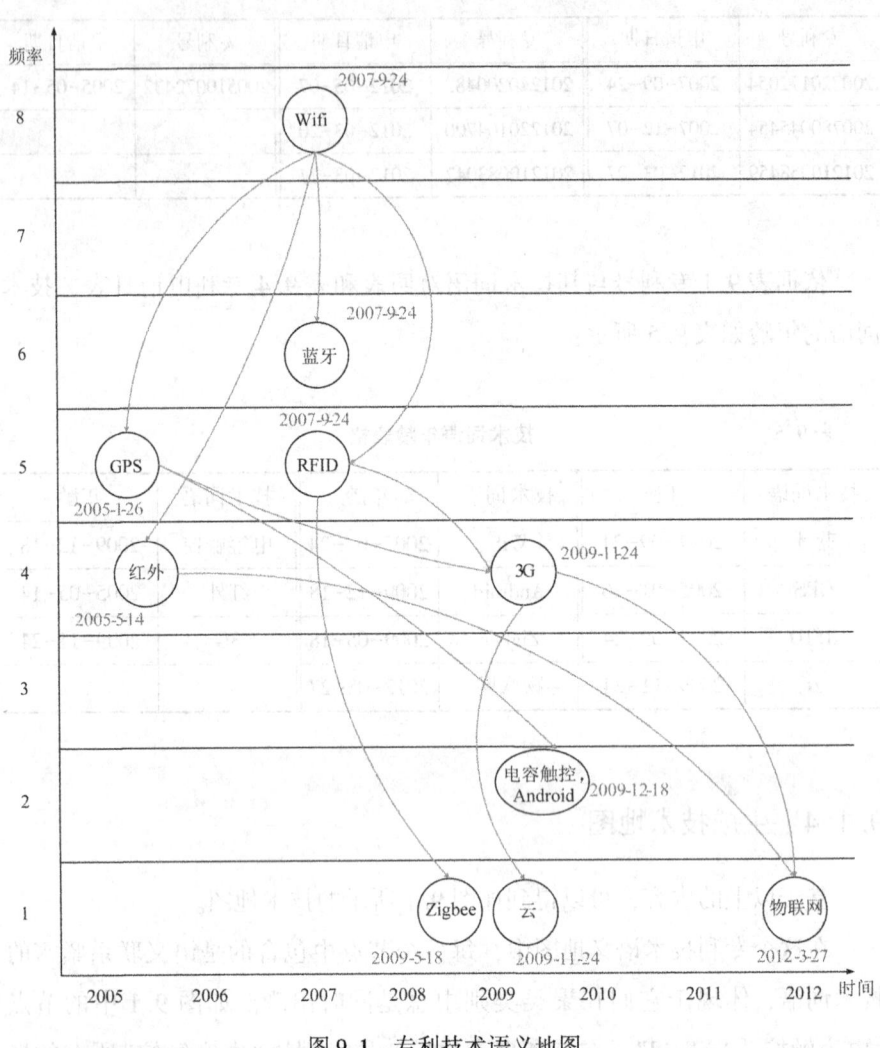

图 9.1 专利技术语义地图

中的节点"3G"和节点"物联网"，在专利聚类之后，技术词语"物联网"所在的聚类类别中，也必然包含技术词语"3G"，而相反地，在技术词语"3G"所在的聚类类别中，不一定包含技术词语"物联网"。实际上，物联网是在3G技术之后的一个新兴技术，在物联网的数据传输中，很多时候都需要用到3G网络的高速数据通信功能。

(6) 功效词语标注。

对每篇专利进行功效词语标注，标注后的具体情况如表9.6所示。

表9.6 专利号与其功效词语对照表

专利号	功效词语	专利号	功效词语
201210240155	提高利用率，节省资源	201220085955	节省资源
201120513343	结构简单，体积小，速度快，使用方便	201220013032	使用方便
201120550757	使用方便	200920303249	灵活，使用方便，实用，扩展性好
200910264319		201120361878	
201120493442	使用方便，实用	201220025520	成本低，可靠性高
201210090230		201220213165	
201110031064		201220200482	
201210045239	使用方便，速度快	201220104700	使用方便，速度快
201220127814	成本低，速度快	201210083047	
201220122572	便于携带，使用方便，节省资源，成本低	200820235483	便于携带，提高利用率
201010549532		200520001718	
201120493409	便于携带	201210309417	
201220013581	实用，安全性高	201120221245	速度快，成本低
200720172054	体积小，使用方便	201120525614	扩展性好，安全性高
200780045454		201120512470	可靠性高，安全性高
201210058459	安全性高，成本低	201010539454	
201120487208	使用方便，安全性高	201010167563	节省资源

237

续表

专利号	功效词语	专利号	功效词语
201220127820	成本低	201120277213	成本低,使用方便,灵活
201120275328	使用简单,扩展性好	200910238260	速度快
200910260046		201210109181	可靠性高
201120489480	结构简单,实用	201120523304	
201210274157		201220184132	使用方便
201120428873	结构简单,成本低	200510072432	成本低,灵活

9.1.5 生成功效语义矩阵

根据表 9.6,得到功效词语在类别中的存在矩阵,即功效语义矩阵,如表 9.7 所示。

表 9.7　　功效语义矩阵

	提高利用率	节省资源	结构简单	体积小	速度快	使用方便	成本低	灵活	实用	便于携带	可靠性高	安全性高	扩展性好
类别1	1	1	1	1	1	1	0	0	0	0	0	0	0
类别2	0	0	0	0	1	1	1	1	0	0	0	0	0
类别3	0	1	1	0	0	1	1	0	0	1	0	0	1
类别4	0	1	0	0	0	1	1	1	0	1	1	1	0
类别5	0	0	0	0	0	1	1	0	1	0	1	0	0
类别6	0	1	0	0	0	1	1	1	0	1	0	1
类别7	0	0	0	0	1	1	0	0	0	0	0	1	1
类别8	0	0	0	0	1	1	0	0	0	1	0	0

依据表 9.7,得到功效词语的年龄如表 9.8 所示。

表 9.8　　　　　　　　　　　功效词语年龄

功效词语	年龄	功效词语	年龄	功效词语	年龄
使用方便	2007-09-24	成本低	2005-05-14	节省资源	2010-05-10
速度快	2009-11-24	灵活	2005-05-14	实用	2009-05-18
便于携带	2008-12-15	可靠性高	2011-12-09	安全性高	2011-12-09
扩展性好	2009-05-18	结构简单	2011-11-03	体积小	2007-09-24
提高利用率	2008-12-15				

基于以上的内容，可以得到图 9.2 所示的功效地图。

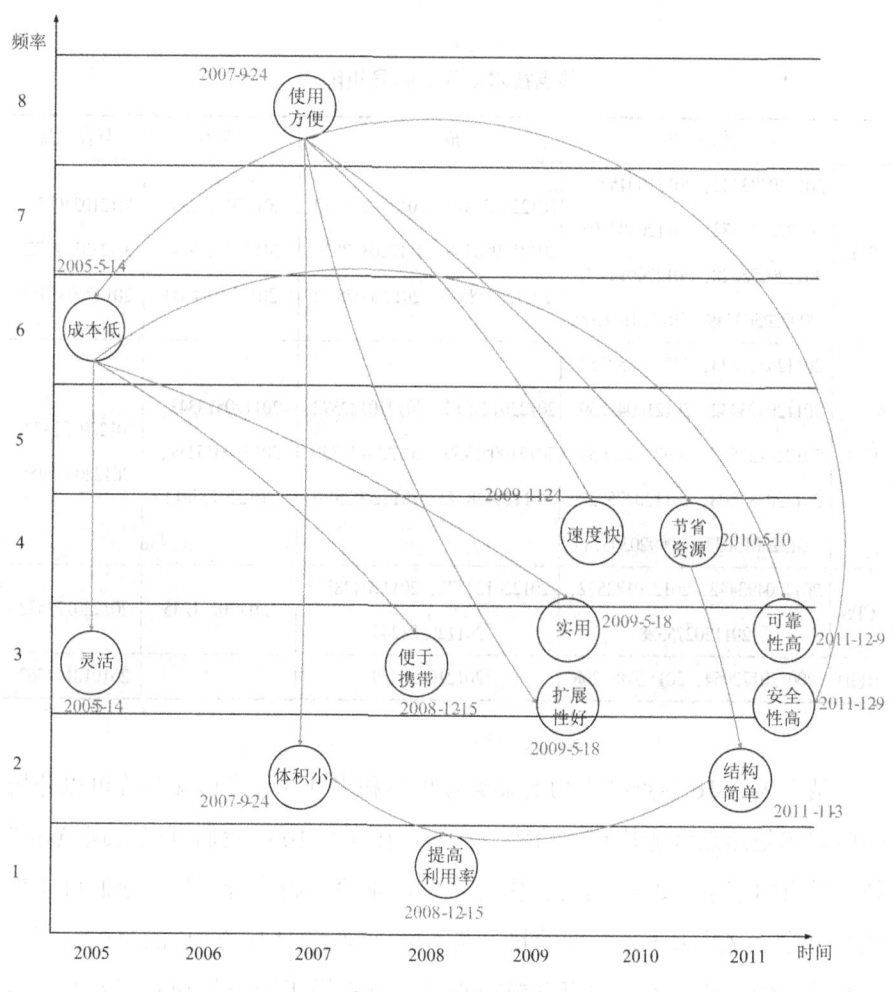

图 9.2　功效地图

9.1.6 热点技术功效矩阵

假设设置热点技术的频率阈值为5,热点功效的频率阈值为4,那么根据技术地图和功效地图,热点技术有Wifi、蓝牙、GPS和RFID,热点功效有使用方便、成本低、速度快和节省资源。我们生成两种热点技术功效矩阵,一种是矩阵中的元素为包含对应的热点技术和热点功效的专利号,另一种是矩阵中的元素为包含对应热点技术和热点功效的聚类类别号。这两种矩阵如表9.9和表9.10所示。

表9.9　　　　　　　　热点技术功效专利号矩阵

	使用方便	成本低	速度快	节省资源
Wifi	201120493442, 201210045239, 201220122572, 201120487208, 201120275328, 201220013032, 200920303249, 201220104700	201220127814, 201220122572, 201210058459, 201220127820, 201120428873, 201220025520	201210045239, 201220127814, 201220104700	201210240155, 201220122572, 201220085955
蓝牙	201120513343, 201120550757, 201120493442, 201210045239, 201220122572, 200720172054, 201120487208, 201120275328, 201220013032, 200920303249	201220127814, 201220122572, 201210058459, 201220127820, 201120428873, 201220025520	201120513343, 201210045239, 201220127814	201220122572, 201220085955
GPS	201120493442, 201220122572, 201120275328	201220122572, 201120428873, 201120221245	201120221245	201220122572
RFID	200720172054, 201120487208	201210058459		201010167563

结合表9.10热点技术功效聚类号矩阵和表9.3技术语义矩阵可以分析一些并非是热点可能达到的功效,例如,在表9.10中我们可以发现"Wifi"技术具有"使用方便"的功能,作为一个企业的专利分析人员,他们可能更想知道除了这些大家都发现的热点技术可以到达"使用方便"的目的,还有没有其他的一些尚未被大家发掘的非热点技术用于同样的功效呢?通过表

9.3 技术语义矩阵我们发现"红外"和"Wifi"技术具有蕴含的语义关系，即在"红外"技术出现的类别中必定会有"Wifi"技术，那么是不是推荐给用户在未来"红外"技术也有可能具有"使用方便"的功能呢，它会不会是未来的发展趋势呢？我们搜索在无线领域包括"红外"技术达到"使用方便"的专利的数量(为方便，我们采用搜索专利摘要中同时包括"手机"和"红外"和"使用方便"的专利数量，如图 9.3 所示)，这种专利在 2009—2012 年迅速增加。这也说明了我们建立语义网的有效性。此外，我们语义网的特点在于是基于类建立这种语义网，假如采用基于词语共现的方式计算"Wifi"和"红外"之间的 Jaccard 系数，结果如下所示：

表 9.10　　　　　　　　热点技术功效聚类号矩阵

	使用方便	成本低	速度快	节省资源
Wifi	类别 1、2、3、4、5、6、7、8	类别 2、3、4、5、6、8	类别 1、2、7、8	类别 1、3、4、6
蓝牙	类别 1、2、3、4、5、6	类别 2、3、4、5、6	类别 1、2	类别 1、3、4、6
GPS	类别 3、4、5、7、8	类别 3、4、5	类别 7、8	类别 3、4
RFID	类别 4、5、6、7、8	类别 4、5、6	类别 7、8	类别 4、6

图 9.3　"红外"技术产生"使用方便"功能的专利申请量

$$\text{Jaccard\_termbased}("wifi","红外")$$
$$=\frac{\text{termFrequency}("wifi"\cap"红外")}{\text{termFrequency}("wifi")+\text{termFrequency}("红外")}$$
$$=\frac{211}{65389+4003}=0.00304$$

其中 termFrequency("wifi"∩"红外")表示同时包括"wifi"和"红外"的专利数量。而通过基于 IPC 的方式计算，如下所示：

$$\text{Jaccard\_Classbased}("wifi","红外")$$
$$=\frac{\text{classNumber}("wifi"\cap"红外")}{\text{classNumber}("wifi")+\text{classNumber}("红外")}$$
$$=\frac{28}{49+99}=0.1959$$

该公式中 classNumber("wifi"∩"红外")表示"红外"和"wifi"相重叠的 IPC 分类号个数，而 classNumber("wifi")为 wifi 的 IPC 分类号个数，其结果显然比上面的基于词频的方法得到的相关度高得多。

我们分析了这些红外的专利，发展它们之中确实有一些专利是可以由 Wifi 所替代，例如对于专利号为 201110351487.4 和专利号为 201210035084.3：

一种通过智能手机遥控电视的系统及方法(201110351487.4)

本发明涉及一种通过智能手机遥控电视的系统及方法，该系统包括电视机、机顶盒和智能手机，所述系统还包括中心服务器，所述中心服务器通过互联网与机顶盒相连，所述智能手机通过互联网与中心服务器相连，所述智能手机通过 http 长连接操作机顶盒。本发明有益的效果是：在 android 手机和 android 机顶盒上均安装一个软件插件，通过 RPC 调用触发机顶盒 android 操作系统上的键盘或手势事件，从而实现用手机遥控机顶盒上的任何应用。遥控器与机顶盒是基于<technology> wifi </technology>网络通信的，用户很熟悉自己的个人手机，特别是其中的输入法；手机软遥控有助于统一用户操作界面和操作方式，手机软遥控基于互联网技术，可以做到不受位置、距离、灵敏度影响，<effect>实现真正的远程遥控操作</effect>。

电动车 G-W(GPS-WIFI)防盗系统(201210035084.3)

本发明公开了一种电动车（WIFI）防盗系统，这一防盗系统使用 GPS(或者北斗)卫星定位技术和<technology>WIFI</technology>无线网络通信技术相结合，由车载定位服务终端、语音播报遥控器以及相关软件组成的一整套电动车 G-W(GPS-WIFI)M<effect>防盗系统</effect>技术。

上面的两篇专利分别是采用 Wifi 技术实现"遥控"以及采用 Wifi 技术实现"防盗"。在我们分析的专利中也有采用红外技术实现"遥控"和"防盗"的。例如对于专利号为 201210373540.5 和专利号为 201310555199.X 的专利：

红外遥控手机及其遥控方法(201210373540.5)

一种红外遥控手机，包括手机，手机上设置有<technology>红外</technology>接收装置、红外发射装置、微处理器、存储模块，红外接收装置、红外发射装置、存储模块都与微处理器连接。红外遥控手机可将现有遥控器的编码分析并保存，可实现所有家电的<effect>遥控操作</effect>，使用方便，适用性强，提高了家电使用的便利性。

一种电动车及蓄电池防盗器与防盗方法(201310555199.X)

本发明公开一种电动车及蓄电池防盗器与防盗方法，单片机模块确认同时产生振动传感器、人体<technology>红外</technology>传感器、滚珠开关传感器传送的三个检测信号时，控制报警器进行一级防盗报警；当连接蓄电池和回路破坏检测模块的导线分离，防盗回路被破坏，单片机模块控制报警器进行蓄电池的防盗报警；通过差动电容传感器检测到电动车龙头转角发生变化，不管是否已经进行一级报警，单片机控制报警器进行二级报警；依据对电动车防盗条件多重判断,实现对电动车的整车两级防盗报警和蓄电池防盗报警,既减少误报、漏报的发生,又提高了<effect>防盗</effect>报警的可靠性。

上面的两篇专利也是采用了红外技术实现了"红外"以及"防盗",也说明了本章分析出的热点技术"Wifi"和相对不太热门的"红外"技术确实具有一定的关联性,在企业中,通过我们的专利热点分析地图,它们可以购买一种相对不太热门的技术来代替相对热门的技术,促进了企业的科技创新。

在互联网的热点发现中,例如对网页、新闻、微博、博客等文字载体的热点发现中,传统的方法通常是通过统计词频去发现热点词语,将高词频的词语认为是潜在的热点。而本章的热点发现是指发现那些在多个类别中多次出现的技术词语和功效词语。这两者的区别在于,传统的方法试图从深度上发现热点词语,而本章尝试从广度上发现热点词语。当一个词语仅仅在一个狭小的范围内多次出现时,即对应着在较少的聚类类别中出现,按照传统的方法,它可能是一个热点词语,但是按照本章的方法,它还不能认为是热点。而相对而言,假设一个词语的词频不是特别高,但是它却出现在多个聚类类别中,按照本章的方法,这个词语涉及的领域多,被应用的范围广,它很可能会成为一个热点。

图9.4显示了本案例专利集合中去掉停用词之后的前40个高频词语及其词频,从中可以发现,很多的高频词,例如"模块""连接""装置""终端""数据""设备""接收""用户"等,这些词虽然词频很高,但是它们没有蕴含任何有利于企业创新的信息,因此不是有效的热点词语。

在我们通过第6章的技术标注后,我们会去掉一些不是表示技术的词,对专利集合中的技术词语统计词频之后得到图9.5。与前40个高频词语相比,这些技术词语代表着专利所使用的技术,它们的发现可以帮助企业进行科技创新,从侧面也说明了第6章技术标注工作的必要性。此外,第6章采用的增量式技术标注,可以不断发现新的技术词语,召回率会不断上升,而基于模板的方法人工设置模板后由于其召回率只有不到30%,如果

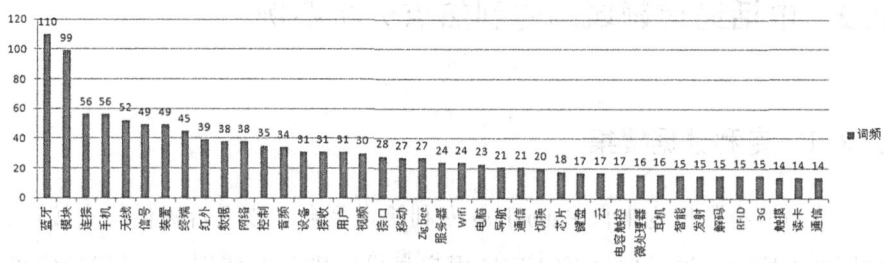

图 9.4　Top 40 高频词语词频图

采用基于模板的方法则有 70%以上的专利需要人工抽取，也说明了增量式标注的有效性。

基于词频的热点发现技术认为词频越高的词语热度越大，词频越低的词语热度越小，这种方法的不足之处在于，若一个词语在少量的专利中大量重复出现，它会被认为是一个热度较大的词语，但是实际上，这个词语的出现范围过窄，被重视的程度不高，其影响力不大，把它作为一个热点词语有些牵强。例如图 9.5 中的技术"Zigbee"和技术"3G"，"Zigbee"的词频是 27，"3G"的词频是 15，然而"Zigbee"仅出现在 1 个聚类类别中，而"3G"出现在 4 个类别中，从广度上说，"3G"的热度应该更高些。

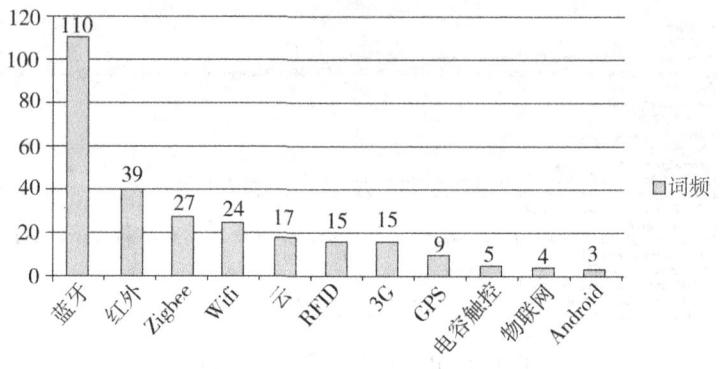

图 9.5　技术词语词频图

9.2 电话通信领域的专利热点分析案例

9.2.1 专利数据搜集

本章所有数据均来自 Patenthub 专利检索平台，该平台提供检索接口，如图 9.6 所示，通过申请 TOKEN（用户身份识别重要依据），设置检索条件，如时间、IPC 号、关键词等，利用 python 爬虫中 request 库发送请求并得到 json 数据，通过解析 json 格式，选择我们想要数据写入 csv 中。但该网站只支持返回前 1000 条记录，如果想要获取更多记录，需要进行拆分检索式，其检索的主要 python 代码如图 9.7 所示。

接口名称	接口URL	接口说明
搜索接口	/api/s	该接口提供对专利的检索功能，用户输入想要查找的关键词或者符合语法规范的短语即可对专利数据进行检索。

图 9.6　Patenthub 检索接口

```
#根据模式和技术词进行检索
def get_data(condition):
    #设计搜索条件url第一页,时间为2008年到2018年,ipc: H04M1,每页返回50条
    url='https://www.patenthub.cn/api/s?ds=cn&t=f90d91870aa604d6dd6625e3d587cc34770762a6&q=applicationDate:[2008 TO 2019] AND ipc:H04M1&p=1&
    #访问目标url
    json_str=requests.get(url)
    #得到json数据进行解析
    json_data=json_str.json()
    #组装需要的信息
    df=pd.DataFrame(json_data['patents'])
    extract_titles=df.loc[:,['id','title','type','applicationDate','inventor','ipc','summary']]
    extract_titles.to_csv('data.csv',encoding='UTF-8',index=None,mode='a',header=False)
    #是否存在下一页,若存在,继续请求进行翻页
    while json_data['nextPage']!=-1:
        url='https://www.patenthub.cn/api/s?ds=cn&t=f90d91870aa604d6dd6625e3d587cc34770762a6&q=applicationDate:[2008 TO 2019] AND ipc:H04M1&
        json_str=requests.get(url)
        json_data=json_str.json()
        df=pd.DataFrame(json_data['patents'])
        extract_titles=df.loc[:,['id','title','type','applicationDate','inventor','ipc','summary']]
        extract_titles.to_csv('data.csv',encoding='UTF-8',index=None,mode='a',header=False)
```

图 9.7　Python 专利爬虫设计代码

9.2.2 功效语句抽取

利用 API 搜集了电话通信领域发表专利数量排名靠前的前 5 位的发明人，分别为曾元清、张海平、张强、成蛟、林煜桂。针对每个发明人，利用三元组随机标注它们发明的 20 条数据作为初始集，迭代抽取功效固定搭配，直至没有新的功效片段产生。通过实验最终得到 22885 条功效固定搭配，作为功效语义词典。由于专利涉及发明人知识产权等原因，本节最终搜集到 3000 条数据作为电话通信领域的专利代表，利用目前得到的包含了很多功效搭配的功效语义词典，进行功效搭配匹配和功效语句的标注，如图 9.8 所示。

id	title	applicationD	inventor	ipc	summary	semantic
CN105872239A	自动触发V	2016/5/5	金鑫	H04M1/72	本发明公开一种	提高用户体验
CN104202490B	主动式RFI	2014/8/8	戴万谋	H04M3/42	本发明公开了一种	克服弊端
CN104202490A	主动式RFI	2014/8/8	戴万谋	H04M3/42	本发明公开了一种	克服弊端
CN108200228A	终端指纹识	2017/11/28	孙梦婷	H04M1/02	本发明公开了一种	降低误操作,提高用户体验
CN209692832U	终端及指	2019/6/25	朱赫名;韩	H04M1/02	本公开是关于一种	布局合理,节约空间
CN110022389A	终端及图信	2019/3/29	代延均	H04M1/02	本发明提供一种	简单,可靠,占用空间小
CN107172259A	终端及其	2017/4/11	陈冰; 张炎	H04M1/27	本发明提供一种	简化操作
CN109274845A	智能语音自	2018/8/31	黄锦伦	H04M3/52	本发明公开一种	提高效率
CN104980575A	智能语音	2015/5/13	赵忠华	H04M1/02	本发明提供一种	方便使用
CN206596078U	智能语音	2017/2/22	张金国; 刘	H04M1/72	本实用新型公开了	节约成本,结构简单,方便普及
CN203219378U	智能语音扫	2013/4/2	甘宇; 黄敏	H04M1/65	本实用新型涉及	稳定性强
CN104202455A	智能语音	2014/8/30	贾志强; 陈	H04M1/72	本发明公开了一种	提高准确度
CN209593486U	一种可自口	2018/8/14	黄赞; 林	H04M1/00	本实用新型公开了	节约成本,安装简单,提高工作效率,方便使用
CN209562640U	基于VOIP目	2019/3/18	姚栋	H04M11/0	本实用新型涉及	节约成本,方便使用
CN204069106U	智能一体机	2014/2/14	李芝;张辉	H04M1/72	本实用新型提供	保护显示屏,方便采集
CN207166586U	智能家居耳	2017/5/24	任亮;邢明	H04M1/72	本实用新型公开了	提高安全性,高精确度,误报率小
CN207039678U	指纹识别纟	2017/8/21	包小明; 黄	H04M1/02	本实用新型公开了	紧凑结构,节约用量,节约成本
CN207652501U	指纹识别卦	2017/12/18	杨根华	H04M1/02	本实用新型提供	简化工艺
CN206993170U	指纹识别	2017/7/17	刘淼	H04M1/02	本实用新型提供	方便拆卸
CN107483660B	指纹识别	2017/7/17	刘淼	H04M1/02	本发明提供了一种	方便拆卸

图 9.8　功效语句抽取部分数据

9.2.3 技术主题抽取

本节定义了 5 个初始模板种子，如表 9.11 所示，迭代抽取技术主题，随着迭代次数的增加，会抽取一些不符合的专利模板，然后这些不相关模板再次进入迭代，频繁产生其他不相关模板，即为语义的漂移。所以文本将最大抽取迭代次数设为 10，最终得到 283 个新的技术模板，如图 9.9 所示。针对搜集的 3000 条专利数据先进行模板匹配抽取，针对未匹配的数据利用技术词进行匹配。

表 9.11　　　　技术抽取初始模板

基于<technology>技术	结合<technology>方法	利用<technology>进行
采用<technology>方法	基于<technology>实现	

id	title	applicationDa	inventor	ipc	summary	technology
CN209949	一种用于人脸识别与语	2019/7/2	朱成明	H04M1/72	一种用于	人脸识别
CN209949	5G终端抗干扰度测试系	2019/2/25	彭华睿; 李	H04M1/24	本实用新	5G
CN209949	一种防摔效果好的4G移	2019/7/5	王会章; 胡	H04M1/18	本实用新	4G
CN209949	一种时尚5G手机电池盖	2019/7/9	周家春	H04M1/02	本实用新	5G
CN209930	一种5G手机玻璃后盖	2019/9/4	王永红	H04M1/18	本实用新	5G
CN209930	用于固定电话的骨传导	2019/7/25	王昶	H04M1/03	本实用新	骨传导
CN209913	一种5G手机的散热模块	2019/5/17	刘鉴; 张伟	H04M1/02	本实用新	5G
CN209913	通过可插拔对讲无线通	2019/5/17	董全	H04M1/02	本实用新	无线通信
CN209897	一种集成有RFID装置的	2019/8/6	王光春; 曾	H04M1/02	一种集成	RFID
CN209881	一种具有夜光3D立体图	2019/5/10	颜泽军	H04M1/18	本实用新	3D
CN209860	具有屏下指纹识别模组	2019/6/17	肖青	H04M1/02	本实用新	屏下指纹识别
CN209860	一种具有红外遥控功能	2019/4/18	陈绍建; 陈	H04M1/02	本实用新	红外遥控
CN209845	一种具备5G无线宽带路	2019/6/12	陈向文; 梁	H04M1/02	本实用新	5G
CN209767	IP式话机手柄及应用其	2019/7/11	刘继明; 潘	H04M1/02	本实用新	VOIP
CN209748	一种用于IP调度电话固	2019/3/15	刘忠海; 赵	H04M1/12	本实用新	IP
CN209748	一种具有指纹识别键装	2019/6/5	黄纯刚; 温	H04M1/02	本实用新	指纹识别
CN209731	一种利用太阳能红外感	2019/6/24	方祥玉	H04M1/04	本实用新	太阳能,红外感应
CN209710	具有轻触开关收线装置	2019/7/11	刘继明; 潘	H04M1/15	本实用新	VOIP
CN209692	一种石墨烯散热型手机	2019/5/24	李修兵; 张	H04M1/04	本实用新	石墨烯
CN209692	终端及指纹识别模组	2019/6/25	朱赫名; 韩	H04M1/02	本公开是	指纹识别
CN209692	一种新型双音频按键电	2019/5/16	毛清阳	H04M1/02	本实用新	双音频

图 9.9　技术主题抽取部分数据

9.2.4　专利聚类

本节对摘要文本进行去重、jieba 分词、去停用词等预处理，利用整理好的数据训练 gensim 框架中提供的 word2vec 模型，得到词的向量表示，对于每个摘要文本，用各词向量平均值来表示，其主要代码如下所示：

```
import gensim
from gensim.models.word2vec import LineSentence
```

```python
data=pd.read_csv("kmeans//technology//data.csv")
import jieba
stop=[line.strip() for line in open('stopwords.txt',encoding='utf-8').readlines()]#读取停用词

#分词并去停用词
for index in range(len(data)):
    out=''
    abstract=data.loc[index,'summary']#要处理的文本
    tec_data=data.loc[index,'technology']
    if tec_data[-1]==',':
        data.loc[index,'technology']=tec_data[:-1]
    if abstract is not np.NaN:
        ct=list(jieba.cut(abstract))#jieba 分词
        for word in ct:
            if word not in stop:#去停用词
                if word!='\t':
                    out+=word
                    out+=" "
    data.loc[index,'split']=out

text=data['split']
sentences=[]
for item in text:
    sentence=str(item).split(' ')
    sentences.append(sentence)

#训练
```

```
model=word2vec.Word2Vec(sentences,size=50)
model.save('jk.model')
```

再利用 **k-means** 进行聚类，通过簇内误方差来判断社区数量 k 的取值，如图 9.10 所示，最终测试技术词聚集类别设为 13，功效词聚集类别设为 12，最终可得到每个类别中所包含的专利信息，最终结果如表 9.12 所示。

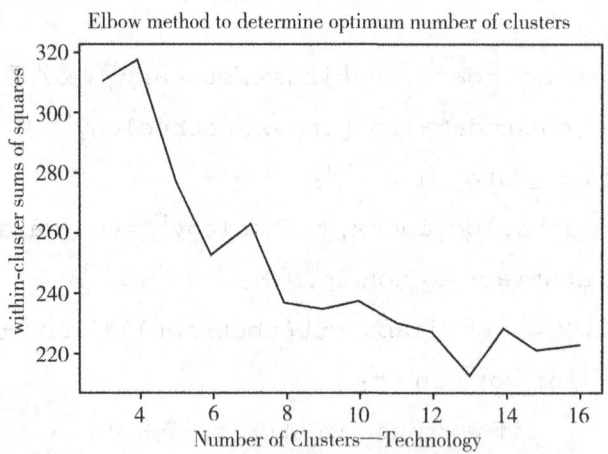

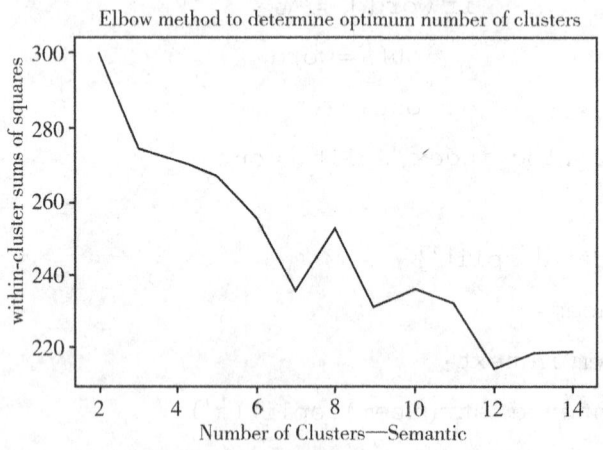

图 9.10 利用 SSE 判断最佳聚类数

表 9.12　　　　　　　技术专利聚类结果

类别	专利号
1	CN209170471U, CN208820834U, CN208337677U, CN208174802U, ……
2	CN208337674U, CN206807563U, CN206596078U, CN206452440U, ……
3	CN209913868U, CN209897103U, CN209218186U, CN209017083U, ……
4	CN209170439U, CN209072544U, CN209072543U, CN208986985U, ……
……	……
11	CN109889680A, CN109862194A, CN109819124A, CN109819120A, ……
12	CN207283647U, CN206413066U, CN205430391U, CN204928965U, ……
13	CN110602303A, CN110351419A, CN109981884A, CN109905528A, ……

9.2.5　生成语义网

根据上面的数据，得到技术词语在类别中的存在矩阵，即技术语义矩阵，如表 9.13 所示，在该表中列代表的各个技术，行代表的各个聚类类别。如果某个技术出现在某个类别中，则存在矩阵中对应的元素为 1，否则为 0。

表 9.13　　　　　　　技术语义矩阵

类别	VOIP	指纹识别	语音识别	……	深度学习	双音频	区块链	蓝牙
1	0	1	0		0	1	0	0
2	0	0	1		0	0	1	1
3	1	1	0		1	0	1	1
4	0	0	1		1	0	1	1
……								
11	0	1	1		1	0	0	1
12	1	1	1		1	1	0	1
13	0	0	1		0	0	0	1

利用前文介绍的语义网构建方法,针对3000条专利数据,确定地图的节点和连接关系。最终得到118个技术主题节点、136功效搭配节点、171条技术主题关系、222条功效搭配关系,使用json这种轻量级的数据交互格式存储节点信息。nodes数组记录节点信息,主要包括节点时间、所属类别个数(层级)、节点内容、节点出现个数、节点下标,links数组记录节点关系,其中source是起始节点的下标,target是目标节点的下标,其JSON数据格式如图9.11所示。

```
{
    "nodes":
    [
        ["2010-04-08", 1, "IVR||互联网音视频", "2", 0],
        ["2010-05-17", 1, "声成像||混合定位", "1", 1],
        ["2014-07-15", 1, "光电传感||石墨烯||太阳能发电", "1", 2],
        ["2010-01-19", 1, "通信保密||电泳显示||宽带天线阻抗匹配", "1", 3],
        ["2018-04-01", 1, "射电干涉||太阳能", "1", 4],
        ......
        ["2010-01-06", 8, "IP", "91", 87],
        ["2011-09-19", 8, "智能语音", "46", 88],
        ["2010-03-23", 9, "RFID||物联网", "48", 89],
        ["2010-10-23", 9, "传感器", "30", 90],
        ["2010-04-14", 9, "定位", "16", 91],
        ["2010-01-19", 9, "GSM", "56", 92],
        ["2015-09-08", 10, "虚拟现实", "78", 93],
        ["2010-12-31", 10, "云", "29", 94],
        ["2011-05-25", 10, "WIFI", "25", 95],
        ["2010-08-19", 11, "蓝牙", "99", 96],
        ["2011-02-16", 12, "人脸识别", "38", 97]
    ],
    "links":
    [
        {"target": 0, "source": 9},
        {"target": 0, "source": 14},
        {"target": 0, "source": 20},
        ......
        {"target": 88, "source": 94},
        {"target": 89, "source": 97},
        {"target": 90, "source": 97},
        {"target": 91, "source": 96},
        {"target": 93, "source": 97},
        {"target": 94, "source": 96},
        {"target": 95, "source": 96}
    ]
}
```

图9.11 JSON数据格式

9.2.6 生成专利地图

生成专利地图首先要计算节点年龄,节点的年龄是指包含这些技术词出现的若干专利中最早的那个申请日期，如表 9.14 所示。

表 9.14 技术词年龄表

技术词	年龄	技术词	年龄	技术词	年龄
VOIP	2010-01-08	……	……	区块链	2017-01-23
指纹识别	2010-04-07	深度学习	2016-12-12	蓝牙	2014-12-19
语音识别	2010-06-23	双音频	2010-10-25	增强现实	2015-07-09
音频指纹	2019-08-30	5G	2018-03-30	北斗定位	2014-08-29

利用确定的语义网结构加入时间信息，可以构建技术热点地图、功效热点地图、技术功效热点矩阵三种专利热点分析地图。

本章地图的可视化使用的是商业级数据图表 ECharts。它是一个纯 Javascript 的图表库，底层依赖轻量级的 Canvas 类库 ZRender，可支持折线图、柱状图、散点图、饼图、地图等 12 类图表，提供直观、生动、可交互、可高度个性化定制的数据可视化图表，增强了用户体验，赋予用户对数据进行挖掘、整合的能力。

首先利用 JQuery 提供的 getJSON() 方法读取并解析存储节点信息的 JSON 文件；然后初始化接口 myChart = echarts.init(dom)，返回 ECharts 实例，其中 dom 为图表所在节点；设置 echarts 提供的参数 option，主要包括背景(backgroundColor)、标题(title)、横纵轴坐标(xAxis、yAxis)、节点数据(data)、节点样式(itemStyle)、关系数据(link)、关系样式(lineStyle)等，其主要代码如下所示；最后使用刚指定的配置项和数据显示图表。最终生成的专利技术主题地图如图 9.12 所示，功效搭配地图如图 9.13 所示。

在专利技术语义地图中，每一个节点中包含的是语义联系紧密的技术词语，体现于它们在聚类类别中总是同时出现。如图 9.12 中的节点"RFID、物联网"，在专利聚类之后，技术词语" RFID"所在的聚类类别中，也必然包含技术词语" 物联网"，反之亦然。实际上，RFID 也称为射频识别，是物联网感知外界的重要支撑技术之一。技术语义地图中两个节

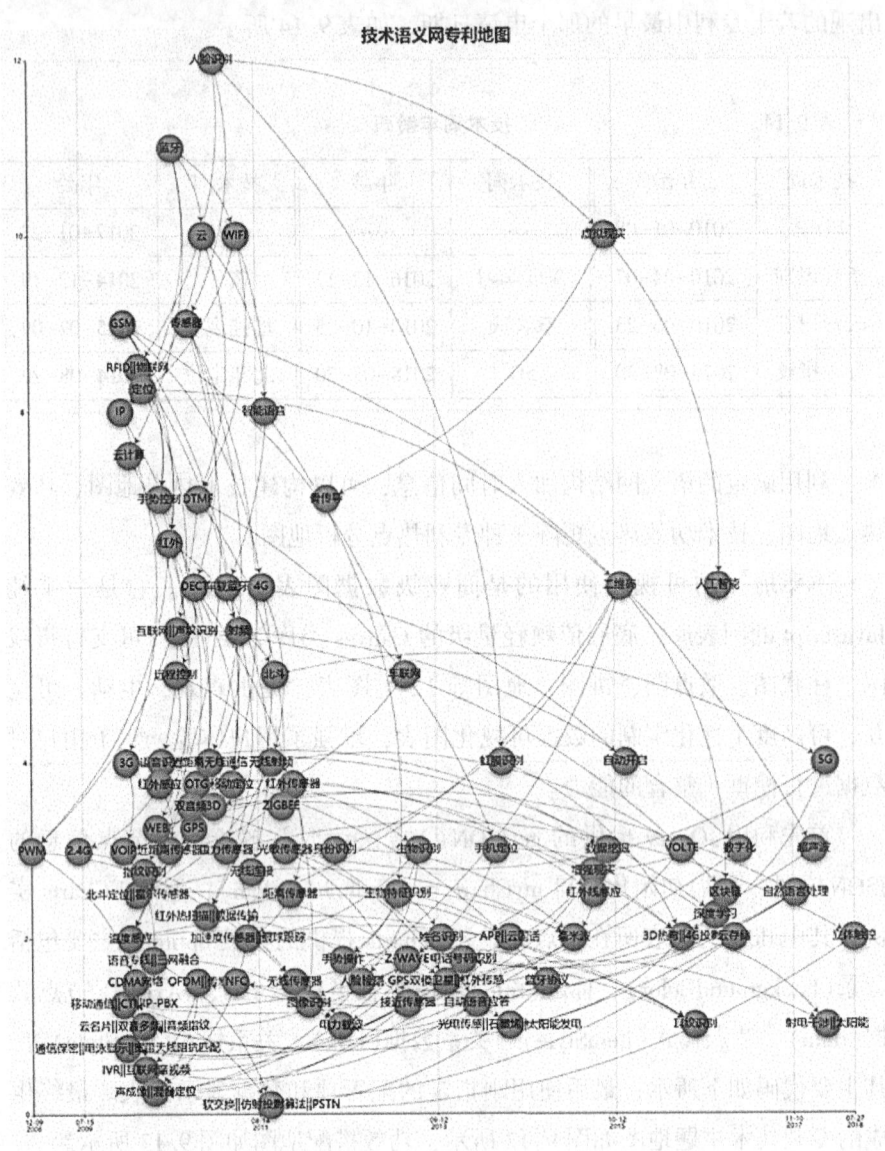

图 9.12 技术主题地图

点之间的连线表示节点之间的蕴含关系，体现于凡是在连线的终节点包含的技术词语所出现的聚类类别中，也必然包含连线的源节点包含的技术词语，但反过来并不成立。如图 9.12 中的节点"二维码"和节点"区块链"，

9.2 电话通信领域的专利热点分析案例

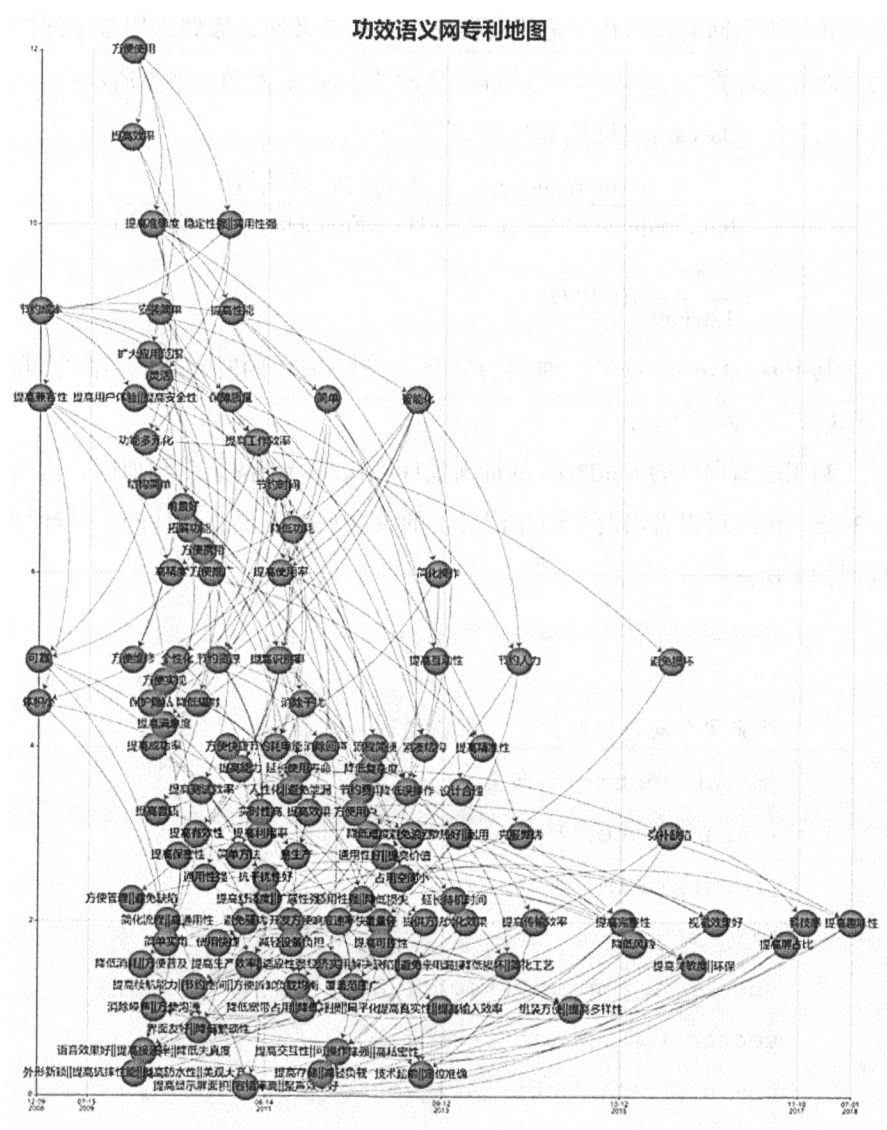

图 9.13　功效搭配地图

在专利聚类之后，技术词语"区块链"所在的聚类类别中，也必然包含技术词语"二维码"。实际上，在防伪溯源等方面，二维码可以作为区块链和实体世界连接起来的桥梁，解决区块链落地难题。

我们语义网的特点在于是基于类建立这种语义网，假如采用基于词语共现的方式计算"二维码"和"区块链"之间的 Jaccard 系数，如下所示：

$$\text{Jaccard}("区块链","二维码")$$
$$=\frac{\text{termFrequency}("二维码"\cap"区块链")}{\text{termFrequency}("二维码")+\text{termFrequency}("区块链")}$$
$$=\frac{20}{126+69}=0.1077$$

其中 termFrequency("二维码"∩"区块链") 表示同时包括"二维码"和"区块链"的专利数量。

利用之前训练的 word2vec 的词向量计算这两个词的余弦相似度，值为 0.3455。由此可以看出两个词在词义上的关联程度无法直接体现，其计算代码如下所示：

```
def cos_sim(vector_a, vector_b):
    """
    计算两个向量之间的余弦相似度
    :param vector_a:向量 a
    :param vector_b:向量 b
    :return: sim
    """
    vector_a = np.mat(vector_a)
    vector_b = np.mat(vector_b)
    num = float(vector_a * vector_b.T)
    denom = np.linalg.norm(vector_a) * np.linalg.norm(vector_b)
    sim = num / denom
    return sim
FT1=model["二维码"]
FT2=model["区块链"]
```

```
print(cos_sim(FT1,FT2))
```

假设设置热点技术的频率阈值为 6，热点功效的频率阈值为 6，那么根据技术地图和功效地图，得到热点技术和热点功效，将生成一种热点技术功效矩阵，矩阵中的元素为包含对应热点技术和热点功效的聚类类别号如图 9.14 所示。

tec\sem	方便使用	节约成本	提高用户体验	提高安全性	结构简单	提高效率	稳定性强	提高准确度	保障质量	提高性能	扩大应用范围	灵活
蓝牙	类别4、类别11、类别0	类别4、类别9	类别8	类别8		类别11、类别9	类别4、类别7				类别4	类别4
IP	类别4、类别11、类别9、类别6	类别11、类别9、类别8	类别9、类别8		类别11	类别7、类别6	类别10	类别2	类别7、类别6、类别8	类别6		类别9、类别6
红外	类别4、类别11	类别4、类别9、类别8	类别8	类别4、类别9	类别11		类别2		类别11	类别11		类别9
虚拟现实	类别4、类别11	类别4、类别11、类别9、类别8	类别8		类别11	类别2	类别10	类别2	类别11、类别9			类别4、类别11
GSM	类别4、类别11	类别4、类别9		类别7	类别11	类别7	类别4、类别10			类别4	类别4	
RFID	类别4、类别11	类别1、类别11、类别9	类别1	类别1	类别4、类别9		类别10		类别11	类别11	类别1	类别4

图 9.14 技术功效矩阵部分数据

9.2.7 与基于词频专利热点分析的对比

在互联网的热点发现中，例如对网页、新闻、微博、博客等文字载体的热点发现中，传统的方法通常是通过统计词频去发现热点词语，将高词频的词语认为是潜在的热点。而本书的热点发现是指发现那些在多个类别中多次出现的技术词语和功效词语。这两者的区别在于，传统的方法试图从深度上发现热点词语，而本书尝试从广度上发现热点词语。当一个词语仅仅在一个狭小的范围内多次出现时，即对应着在较少的聚类类别中出现，按照传统的方法，它可能是一个热点词语，但是按照本书的方法，它还不能认为是热点。而相对而言，假设一个词语的词频不是特别高，但是它却出现在多个聚类类别中，按照本书的方法，这个词语涉及的领域多，被应用的范围广，它很可能会成为一个热点。

基于词频的热点发现技术认为词频越高的词语热度越大，词频越低的词语热度越小，这种方法的不足之处在于，若一个词语在少量的专利中大量重复出现，它会被认为是一个热度较大的词语，但是实际上，这个词语的出现范围过窄，被重视的程度不高，其影响力不大，把它作为一个热点词语有些牵强。例如，图 9.15 中的技术"IVR"和技术"人工智能"，"IVR"的词频是 84，"人工智能"的词频是 20，但是"IVR"仅出现在 1 个聚类类别中，而"人工智能"出现在 6 个类别中，从广度上说，"人工智能"的热度应该更高些。

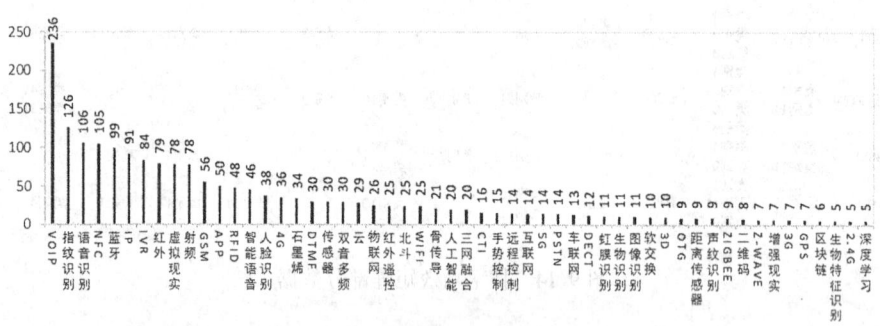

图 9.15 技术主题词频

参 考 文 献

[1] Nanba H, Kamaya H, Takezawa T, et al. Automatic translation of scholarly terms into patent terms[C]//Proceedings of the 2nd international workshop on Patent information retrieval. ACM, 2009: 21-24.

[2] 高立华, 曲超, 刘艳, 等. Derwent 知识产权管理与分析解决方案——Aureka 在线知识产权管理分析平台[J]. 中国标准化, 2012(9): 38-41.

[3] 王静, 刘志镜. 基于概率模型的 Web 信息抽取[J]. 模式识别与人工智能, 2010, 23(6): 847-855.

[4] 张传岩, 洪晓光, 彭朝晖, 等. 基于 SVM 和扩展条件随机场的 Web 实体活动抽取[J]. 软件学报, 2012, 23(10): 2612-2627.

[5] Nanba H, Kondo T, Takezawa T. Hiroshima City University at NTCIR-7 Patent Mining Task[C]. Proceedings of the 7th NTCIR Workshop Meeting, 2008: 369-372.

[6] 哈工大信息检索研究中心[EB]. [2013-09-09]. http://ir.hit.edu.cn/demo/ltp/Sharing_Plan.htm.

[7] 李玉魁. 带有副栅极的背栅结构的平板显示器及其制作工艺: 中国, 200610017540.6[P]. 2007-01-17.

[8] 李玉魁. 带有集成背栅结构的平板显示器及其制作工艺: 中国, 200510107336.9[P]. 2005-12-27.

[9] 李玉魁. 伞形栅极阵列结构的平板显示器及其制作工艺: 中国, 200510107343.9[P]. 2006-06-28.

[10] 李玉魁, 高宝宁, 蔡森. 段阴极高双点栅控结构的平板显示器及其制作

工艺：中国，200910227574.1[P]. 2010-07-14.

[11] 李玉魁. 凹面内栅控曲型阴极结构的平板显示器及其制作工艺：中国，200710054598.2[P]. 2007-11-21.

[12] 董悦强. 新能源汽车供电系统：中国，201510933600.8[P]. 2017-06-23.

[13] 危志军，李勇，梁玉平. 基于蓝牙采集的车载远程智能诊断终端：中国，201120270457.6[P]. 2012-05-23.

[14] 王薪富，姬运芳，林贵明，王中洲. 供能系统及新能源汽车：中国，201710137201.X[P]. 2017-03-09.

[15] 段江海. 一种IP地址分配方法及装置：中国，201210249257[P]. 2012-11-21.

[16] Agichtein E, Gravano L. Snowball: Extracting relations from large plain-text collections[C]// Proceedings of the fifth ACM conference on Digital libraries. ACM, 2000: 85-94.

[17] 华为18年无一项原创发明购买专利竞跑国际市场[EB]. http://tech.sina.com.cn/t/2007-01-18/03341340866.shtml.

[18] Hirsch J E. An index to quantify an individual's scientific research output[J]. Proceedings of the National academy of Sciences of the United States of America, 2005, 102(46): 16569-16572.

[19] Thomas P, Breitzman A. A method for identifying hot patents and linking them to government-funded scientific research[J]. Research Evaluation, 2006, 15(2): 145-152.

[20] Chang C C, Lin C J. LIBSVM: a library for support vector machines[J]. ACM Transactions on Intelligent Systems and Technology(TIST), 2011, 2(3): 27.

[21] Kim Y G, Suh J H, Park S C. Visualization of patent analysis for emerging technology[J]. Expert Systems with Applications, 2008, 34(3): 1804-1812.